上海工艺美术职业学院"双高"建设项目

服饰配件创新设计

主　编：沈叶
副主编：肖岚

上海交通大学出版社
SHANGHAI JIAO TONG UNIVERSITY PRESS

内容提要

本书以传统工艺为背景，立足非遗技术，融入现代思想情感，结合时尚设计思维，介绍了传统工艺与服饰配件的融合方法，并延伸至服饰配件的创新设计。主要内容为服饰配件概述、传统工艺介绍与创新应用、服饰配件的设计方法、配饰设计、服饰配件与造型创新等。

本书可作为服装与服饰专业的学生教材，也可供服饰爱好者、造型设计师、非遗传承工作者等人士参考借鉴。

图书在版编目（CIP）数据

服饰配件创新设计 / 沈叶主编. ——上海：上海交通大学出版社，2022.9
ISBN 978-7-313-25862-5

Ⅰ. ①传… Ⅱ. ①沈…Ⅲ. ①服饰—配件—设计
Ⅳ. ①TS941.3

中国版本图书馆 CIP 数据核字（2022）第 136725 号

服饰配件创新设计
FUSHI PEIJIAN CHUANGXIN SHEJI

主　　编：沈　叶
出版发行：上海交通大学出版社　　　　　地　　址：上海市番禺路 951 号
邮政编码：200030　　　　　　　　　　　电　　话：021-64071208
印　　制：上海景条印刷有限公司　　　　经　　销：全国新华书店
开　　本：787mm×1092mm 1/16　　　　印　　张：6.25
字　　数：125 千字
版　　次：2022 年 9 月第 1 版　　　　　　印　　次：2022 年 9 月第 1 次印刷
书　　号：ISBN 978-7-313-25862-5
定　　价：42.00 元

前　言

　　服饰配件是服装设计的重要组成部分，随着审美意识的提升，人们对服饰配件的要求越来越高，服饰配件在现代都市生活中的使用也越来越频繁。如何赋予中华传统元素时尚化的特征，进而实现其日常化、市场化、普遍化和大众化，是当下服装设计师都必须要面对的问题。

　　为了培养兼具本土民族特征和全球化时尚视野的设计人才，本书以传统工艺为背景，着重介绍了传统工艺与服饰配件设计的融合。在介绍服饰配件的创新设计方法时，本书立足于非遗技术，结合时尚设计思维，融入现代思想情感，在传承中国传统技艺的基础上，运用高科技技术，拓展服饰配件的用途和功能，力求设计出现代人喜欢又用的上的产品。

　　编者在从事非遗教育工作的过程中结识了各行各业的非遗传承人，他们都有着精湛的手艺和感人的故事。突破及创新是非遗传承人发扬传统技艺时经常遇到的难题，而服饰配件将现代设计手法与承载着灿烂文明的传统手工艺相融合，正是传统工艺创新的一个良好载体。

　　本书主要针对服装与服饰专业的学生，也适用于服饰设计爱好者、造型设计师以及从事非遗传承相关工作的读者。

　　在此特别感谢山西平阳木板年画传承人赵国琪、山西平阳香包传承人毛瑞清、崇明土布传承人何永睇、银饰技艺传承人段松文、花丝技艺从事者吴涵、贵州秀丽染品牌创始人靳秀丽、南通蓝印花布国家级传承人吴元新、彝家公社创始人金永淑、浮山剪纸传承人乔秦、侯马皮影传承人刘淑玉，孙钰涵工作室、摄影师王涛及服装品牌蜜扇在本书编著过程中提供的各项支持。

目 录

CONTENTS

基础篇

项目 1 服饰配件概述 / 3

1.1 服饰配件的概念 / 3

1.2 服饰配件的特性 / 4

1.3 服饰配件的功能 / 6

项目 2 传统工艺及其创新应用 / 8

2.1 年画 / 9

2.2 香包 / 11

2.3 嘉定黄草编 / 12

2.4 银饰 / 13

2.5 染织工艺 / 16

2.6 剪纸 / 24

2.7 皮影 / 25

应用篇

项目 3 服饰配件的设计方法 / 31

3.1 图案法 / 31

3.2 符号法 / 32

3.3 几何法 / 34

3.4 解构法 / 34

3.5 色彩法 / 36

3.6 混搭法 / 37

CONTENTS

项目 4 配饰设计 / 39

4.1 口罩 / 39

4.2 面具 / 42

4.3 帽饰 / 44

4.4 围巾 / 45

4.5 包袋 / 47

4.6 腰饰 / 52

4.7 挂饰 / 55

4.8 扣子 / 57

拓展篇

项目 5 服饰配件与造型创新 / 63

5.1 《钰帛银裳》造型解析 / 63

5.2 《南风和煦》造型解析 / 67

5.3 《彝韵兮》造型解析 / 70

5.4 《青岚雅籍》造型解析 / 71

5.5 《素迦流光》造型解析 / 75

5.6 《彝想》造型解析 / 78

5.7 《香染黔晋》造型解析 / 82

5.8 《蒲草布衣》造型解析 / 84

5.9 《窥看年画》造型解析 / 87

参考文献

基 础 篇

项目 1
服饰配件概述

/// 学习目的 ///

　1. 通过服饰配件的概念掌握服饰配件的范畴。

　2. 掌握服饰配件的特性，能清晰地分辨出配件的各个特点。

　3. 掌握服饰配件的各个功能，明确配件的用途和功能所在。

/// 上课时数 ///

　4 课时。

/// 课前准备 ///

　收集各类服饰配件的图片，对配件进行分类，并了解配件的最新时尚趋势。

1.1 服饰配件的概念

　　服饰配件是使着装体现出整体美的、除服装以外的物品的总称，即除服装（上装、下装、裙装）以外的所有附加在人身上的装饰品和装饰。服饰配件是人们着装搭配中不可缺少的部分，有着独特的时尚魅力和广阔的市场潜力。服饰配件又称服饰品、配饰物、服装配饰，从广义上说，是指服装以外的所有附属在人体上的装饰。服饰配件的起源与使用都早于服装。在远古时代，人们还不懂得怎么穿衣服的时候，就已经有人将羽毛、石头、贝壳等材料挂在身上，这是一种标志性的信息，用以区别不同的身份，这被认为是服饰配件的初始状态。从狭义上说，服饰配件是指服装与配饰搭配，因此服饰配件有着从属性的特征。

　　随着社会和科学技术的不断发展，服饰配件常常作为人们生活和社交中的亮点，同时它的内涵也在不断升华。在现代生活中，服饰配件和服装的组合讲究色彩的和谐、风格的统一，它直接影响着一个人的风度和气质。而且服饰配件的佩戴方式多种多样，不局限于与人体的直接接触，在材质创造中有更大的发挥空间。服饰配件的种类有首饰、领饰、包袋、帽子、腰饰、臂饰、鞋袜、手套、扇子、眼镜等。现代着装中，有的人也将打火机、手表等随身使用的物品作为服饰配件。

1.2 服饰配件的特性

1. 从属性与整体性

服饰配件中的"配"有"配合""配套"的意思。现代社会的社交活动中，人们讲究的是整体造型呈现，展现出自身的风格特征和自我修养，从而彰显自我魅力。这种表现不局限于服装的穿着，而且需要配备符合服装风格的配件，甚至与服装色彩相配的妆容等。一般而言，人们都要围绕服装来考虑配件、化妆、发型等，通过配件、化妆、发型突出服装这个主体，从而进一步突出着装者的整体形象，由此体现着装者和设计师的审美水平和艺术品位。

服饰配件从最初的兽齿、贝壳到现代形形色色的物件，经历了一个漫长的过程。服饰配件在服装家族中所属的地位具有从属的特性，而从属性不代表完全的一致。随着时尚风潮的变化，混搭风成为年轻人热爱的风格。混搭风可以将相对独立的两个甚至多个不同的风格聚集在一个整体中，但是对服饰配件与服装整体的关系而言，还是注重从属性的特征。服饰配件给很多服装设计师带来灵感，所以服饰配件不仅仅是服装的一部分，在很多时候它也起到不可忽视的作用。

整体性是服饰配件的基本特征之一，服饰配件的每一个类别既可以单独的形式存在，也可融入着装的整体造型中。无论从材料、色彩还是款式和工艺来看，每个配件都具有其独有的特征；但是作为服饰的配件，从整体着装效果来看，配件和服饰之间有着必然

的联系。

图 1-1 中是将彝族元素提炼后再设计的服装《牟源彝漾》，造型中腰间的小包是配合整体服装造型而设计的。作为服饰配件，腰包是整体造型的点睛之笔，腰包的材质、颜色、图案等与整体服装相呼应，是体现整体性和从属性的典型示例。

服饰配件的整体性和从属性多被设计师组合创作应用在艺术表现中。独立的品种组

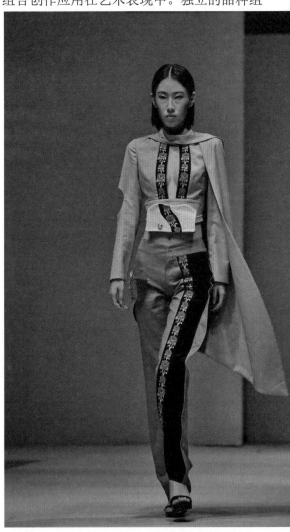

△ 图 1-1　《牟源彝漾》（设计师：张娟）

合成一个完整的服饰形象，虽然每个配件都独具风格，但是所呈现的作品是整体的，也是完美的。

在服装设计中，服饰配件是一个不可忽视的视觉符号，对服装主题起到完善和加强的作用。现代服饰配件设计思维已经跨越了民族与国家的界限，更加追求实用性和装饰性的完美结合。

2. 民族性与社会性

不同时期的文化、科技水平、政治及宗教等会对服饰配件产生一定的影响，如对服饰配件的艺术性、审美性和工艺性的影响。在社会发展中，社会变化的因素会引起人们生活习俗的变化，随之也成为服饰配件发展变革中的重要因素。在中国历朝历代的发展中，服饰也在逐渐演变。例如，在辛亥革命后，顶戴花翎随之消失，女性所佩戴的步摇、发簪等在生活越来越趋于简单化中逐渐消失。

当然，社会的发展和工艺技术的提高，也给服饰配件带来新的生命力：金属类型的首饰的发展队伍逐渐壮大，工艺也越来越精致；包袋的材质从纺织面料衍生到皮革制品。

民族习俗世代相传，在少数民族地区或原始部落里，受民族文化和习俗的影响，他们的服饰装扮特别丰富，首饰、鞋帽等服饰配件都非常有特色，在服饰整体装扮中也非常突出，有的首饰装饰比服装本身还要耀眼，如苗族妇女的银饰（见图 1-2）、回族的白帽、彝族妇女的鸡冠帽（见图 1-3）等。服饰配件在不同的时代、不同的地域、不同的民族有着不同的特征。也就是说，服饰配件在一定程度上反映其所处时代的社会背景。例如，彝族人民崇尚老虎，他们会用老虎的形象来制作虎头帽，祈求安康。

△ 图 1-2　苗族银饰

△ 图 1-3　彝族鸡冠帽

06 服饰配件
创新设计

3. 审美性与象征性

服饰配件的发展基础是人们的审美、社会的发展、流行趋势的导向，人们的审美随着时代的变化而变化。流行主题具有一定阶段性，即每个时期都会出现不同风格的流行主题，但它的千变万化都与人们的审美观变化趋向不谋而合。在实际应用中，配件在色彩、造型、材质、纹样等方面不断创新，以符合现代人的生活方式。

服饰配件的象征性往往与审美性密切相关。自从社会开始出现私有制，阶级等级制度逐步形成后，其必然反映到服装配饰上，如官员职位的高低以冠帽、服装和配饰的不同来区分，平民百姓只能戴角巾等。泰国北部有个长颈族的部落，那里的女孩自 5 岁起就要戴起重约 1 000 克的铜圈，铜圈数量随年月递增，而戴上铜项圈被看成是美丽与财富的象征。在原始部落中，部族的首领所佩戴的饰物都有一定的样式和形制，通过服装、装饰物和装饰方法来体现尊卑等级，人们从服装穿着中能清楚其身份地位。

1.3 服饰配件的功能

1. 装饰功能

德国艺术史家格罗塞认为，原始部落的人"不但很热心地收集一切他认为可以做装饰品的东西，他还很耐心、很仔细地创制他的项链、手镯及其他饰物……他们将自己所能收集的一切饰物都戴在身上，把身上可以戴装饰的部分都戴起装饰来"。[①]

追求美是人类的一种本能。人们对装饰

美化的需求是服饰配件存在的最根本依据。数十万年前，人们就用动物的骨头磨制成各种形状做成项链，也有用羽毛来装饰自己。当今社会，服饰配件已然成为提升自身形象的必备品，甚至高端的服饰配件还是身份的一种象征，如男士用的打火机、女士拎的包袋等，人们会选择与服装相搭的配件来点缀着装。在此基础上，服饰配件同时具有修饰脸型、改善体型的功能。细长的耳环、大框的眼镜能修饰脸型，长款的项链可以使脖子显得细长。

适当合理的装饰能使人的视觉形象更为立体，装饰物的造型、色彩以及装饰形式可以弥补某些服装的不足。服饰配件独特的艺术语言，能够满足人们不同的心理需求。

2. 实用功能

实用性应该是所有物质最朴素的一个特征，也是服饰配件中朴实无华的一个特性。服饰配件逐渐成为人们日常生活中的一种必需品，譬如服饰配件中的纽扣、腰带等起到了系带捆绑的作用，手套、帽子、围巾等有保暖的作用，它们不会随着社会环境的改变而被淘汰。

3. 标识功能

在人们还不知道何为服饰配件的那个时期，人们就用动物骨头或者羽毛来装饰自己，甚至用羽毛等来区分等级，这就是服饰配件最早的标识功能。在原始部落中，人们的天敌之一是猛兽，当勇敢的捕猎者制服了这些猛兽后，他们将猛兽的齿、角、蹄、尾等部位串起来佩戴于身，同样起到了美化自身、展示勇猛的标志性作用。在中国封建社会时期，人们也会在服饰上用不同的标识来显示

---

① （德）格罗塞：《艺术的起源》，蔡慕晖译，商务印书馆，1984，第42页。

不同的身份。现代社会中，例如军服上的勋章、徽章等也是身份的一种识别。无论何时，服饰配件的存在增加了社会的秩序性，这也是服饰配件标识功能的体现。

4. 社交礼仪

一些服饰配件会被规定在某种特定场合使用，以满足社交场合的需求。社交晚宴场合中男士的领结、女士的高跟鞋，在西式婚礼中新娘飘逸朦胧的头纱，在中国传统婚礼中新娘的红盖头、凤冠霞帔等，这些都是在特定的场合下使用的服饰配件。

5. 传递信息

一些年轻人经常会选择佩戴标新立异的配饰以显示自己的与众不同之处，或者宣扬自己独特的经历。在 20 世纪 70 年代，朋克风格诞生了，一群对社会充满反叛情绪的年轻人，用别针、铆钉等做成耳环，用他们佩戴的饰品向人们传递他们反传统的情绪。

6. 崇拜信仰

彝族将老虎视为图腾，认为虎是人类的"始祖"，是生天、生地、生万物的"图腾神物"。他们把宇宙万物看作是由老虎的各个部分组成的：虎头是高山，虎血为大海，虎皮是平原，虎毛是森林，等等。在彝族配饰中常见虎头帽、虎头鞋。

明清时期，在福州民间，妇女多见戴蛇簪或盘蛇形髻者，别具风俗。清人施鸿保在《闽杂记》中说："福州农妇多带银簪，长五寸许，作蛇昂首之状，插于髻中间，俗名蛇簪。"清人彭光斗的《闽琐记》云："髻号盘蛇者，昔人咏以为美意，亦如时下吴妆耳，及见闽妇女，绾发左右，盘绕宛然。首戴青蛇，鳞甲飞动，令人惊怖，洵怪状也。"与此相似的还有，施鸿保《闽杂记》所言："或云许叔重《说文》：'闽，大蛇也。其人多蛇种。'簪作蛇形，乃不忘其始之义。"[①]这些蛇形发饰均是民间信奉蛇的依据之一。

/// 实训项目 ///

项　　目	方　式	评价标准	所占比例
课前准备：收集各品类的服饰配件图案，并将其分类	以 PPT 的形式呈现，每个同学上台讲解	1. 收集的图片构图完整、色彩丰富； 2. 图片种类齐全； 3. PPT 的设计具有美感； 4. 思路清晰，很好地表达自己的想法	30%
课堂互动：通过服饰配件的概述掌握配件的概念、分类及其特征	提问、探讨、解答	1. 积极参与互动； 2. 能通过配件的一个功能案例延伸到其他案例	20%
课后作业：根据服饰配件的功能寻找相应的图片，并汇总在一起，以PPT形式汇报	以 PPT 的形式呈现，每个同学上台讲解	1. 收集的图片构图完整、色彩丰富； 2. PPT 的设计具有美感； 3. 思路清晰，很好地表达自己的想法	50%

---

① 方宝璋：《闽台民间习俗》，福建人民出版社，2003，第 84-95 页。

项目 2
传统工艺及其
创新应用

/// 学习目的 ///

1. 通过学习，了解传统工艺的种类：年画、香包、刺绣、蓝染、皮影等。
2. 了解传统工艺的自我创新之路并分析其问题所在。
3. 了解传统工艺、非遗手工艺人与各类设计师的跨界合作创新之路。

/// 上课时数 ///

项 目	分 类	课 时
传统工艺介绍与创新应用	平阳木版年画	4
	平阳香包	4
	草编	4
	银饰	4
	土布	4
	蜡染、扎染	4
	蓝印花布	4
	彝绣	4
	浮山剪纸	4
	皮影	4
总 课 时		40

/// 课前准备 ///

1. 收集各类传统工艺的资料，了解传统工艺的特点。
2. 收集传统工艺在现代生活中的创新应用示例。
3. 准备计算机或者画纸和手绘工具。

2.1 年 画

1. 年画简介

木版年画是中国历史悠久的传统民俗文化艺术形式，有着 1 000 多年的历史。年画中门神的历史最为悠久，早在汉代就已经出现了"守门将军"的门神雏形。唐代以来佛经版画的发展和雕版技术的成熟，宋代市民文化的发展，都大大促进了木版年画的繁荣。北宋时期出现了专门售卖年画的"画市"，当时年画被称为"画纸儿"。宋金时期，出现了《随朝窈窕呈倾国之芳容》（又称"四美图"，见图 2-1）这样精美绝伦的木刻版画，它是现存最早的木版画。

在我国民间，年画就是新年的象征，不贴年画就不算过年。现在，年画已不仅是节日的装饰品，它所具有的文化价值和艺术价值，使它成为反映中国民间社会生活的百科全书。木版年画有大大小小几十个产地，其中著名的有山西临汾（古称平阳）、重庆梁平、天津杨柳青、河北武强、山东潍坊、苏州桃花坞、河南朱仙镇、四川绵竹等地。道光年间，在李光庭著的《乡言解颐》一书中，正式提出了"年画"一词。① 从此，所谓"年画"就拥有了固定含义，即是指木版彩色套印的、一年一换的年俗装饰品。到了清代中晚期，民间年画达到了鼎盛阶段。

平阳是我国民间木版年画的发祥地之一。宋金时流传下来的木版年画《义勇武安王位》（又名"关公图"）、《随朝窈窕呈倾国之芳容》都标有平阳雕印字样。《赵云救阿斗》（见

△ 图 2-1 《随朝窈窕呈倾国之芳容》

图 2-2）也是平阳木版年画的经典之作。

平阳民间木版年画因其历史悠久，源远流长，有着鲜明的个性，形成了独特的年画流派。它的作者长年累月生活在农村，其思想感情与广大农民脉脉相通，故创作的年画多与人们生产、生活密切联系，体现出人民的心愿，充满着黄土高原的山乡土味，具有浓厚的民俗特色，反映出黄河三角地带晋南平阳民间的生产、生活、宗教、礼仪和岁时节令等诸多方面的活动，无不形象逼真、具

① 李光庭：《乡言解颐》，中华书局，1982，第 66 页。

△ 图 2-2 《赵云救阿斗》

体、生动，堪称民俗历史的真实写照，是唐尧故乡民众活动的忠实记录，同时也是中华民族文化艺术的重要史料，是研究华夏文明极为宝贵的学术珍品，其内涵之丰富，价值之昂贵，品位之高精，积淀之深厚，是不可低估的。

木版年画是人类艺术精神产品，它有着绘图作画与雕版印刷的双层技艺手法，其艺术品位不同于其他绘画。平阳是我国五千多年古老文化的发源地之一，我们当以此来探索年画的主题思想内容与艺术风格的发展来由，从而研究年画随俗而变和适应时代潮流的前进规律，并探索年画今后怎样去革新改进，以满足群众的需要。平阳木版年画古朴典雅，敦厚朴实，粗犷豪放，可谓农神文化即农耕文化的独特品种。

平阳木版年画是中华民族文化中宝贵的精神财富，在整个历史进程中发挥着教化人民的作用，能使人们精神焕发，斗志昂扬，呈现出一种积极向上、兴旺发达的神态。晋南的群众对年画有着特殊感情，称年画为"六品"，即欢度年节的装饰品、日常生活中的美化品、喜庆节日的馈赠品、民俗传播的媒介品、普及科学文化的实用品、弘扬道德的宣传品，由此可见，它是广大群众不可或缺的精神食粮。

2. 年画在服饰配件中的创新

年画精彩纷呈、寓意丰富的图案不仅是艺术创作的一个大宝库，同时也是服饰界的灵感来源的宝藏。不少服装设计师在年画图案的基础上吸取灵感，创新创作服饰配件，将年画应用在包袋设计中。《窥看年画》系列一（图2-3）和系列二（图2-4）就是将年画融入设计创作中的包袋系列：经典的中国红是中国传统文化的映射；年画的图案与新型透明的 TPU（热塑性聚氨酯）材质的对比，犹如传统与创新的碰撞。

△ 图 2-3 《窥看年画》系列一（设计师：沈叶） △ 图 2-4 《窥看年画》系列二（设计师：沈叶）

3. 代表人物

赵国琦，生于山西省临汾市，汉族，1997年在临汾工艺美术厂担任美术设计，2000年在平阳木版年画博物馆工作，现为中国民间文艺家协会会员、中国传统年画专委会会员、山西省民间工艺美术家协会理事、山西省民间文艺家协会会员，主要代表作品有《新版文门神》《新版武门神》《新福字》《年画水浒全集》《春节财神》《伟大领袖》等，在工作期间设计过多种对联、门神与书籍。2001年，赵国琦为《尧舜禹的传说》提供6幅图片，为《三皇五帝图》设计绘图、出版、印刷；2004 年 5 月，被评为山西省一级民间工艺美术师。

2.2 香 包

1. 平阳香包简介

香包作为传统吉祥之物，透着十足的中国风，是越千年而余绪未泯的中国的遗存和再生，更有着亘古不变的深邃寓意。

平阳香包，以南瓜型为主。南瓜是金窝和福窝的象征，加上南瓜的瓜藤连绵不绝，象征着福气满满，福运绵长。平阳香包，以新、奇、美、真为特色，形神兼备，色彩对比强烈，立体造型栩栩如生，有较高的观赏、收藏价值。平阳香包多以喜庆吉祥题材为主，如龙凤呈祥、琴瑟和谐、吉祥如意、年年有余、比翼双飞、情意绵绵、榴开百子、人丁兴旺等，寄托着人们祈求祥瑞、辟邪纳福、丰衣足食的美好愿望。

贡缎和剪纸纹样的香包以中国红为主色调，红色代表喜庆、热闹与祥和，意味着平安、福禄、百事顺遂，配以朱砂、流苏体现香包的立体感和装饰性。扎染纹理的香包以自然柔和的多种色彩为主：黄色有荣华富贵、温馨的感觉，表达人们对美好生活的向往；一抹绿色，高雅的色彩，雅得明朗，雅得有生命力，带着大自然的清雅和芬芳，带着镇静而又充满智慧的气息，显得从容而生动；再配银饰、玛瑙流苏，体现香包的立体感和装饰性。从单一的用途发展到具有挂件、佩戴、家居等多种创新功能，香包已经成为高品位的艺术品和文化产品。

2. 香包的创新

最初的香包以织锦彩缎、棉麻的花纹来做南瓜香包的面，再用银饰、朱砂、玛瑙、流苏等来装饰，使香包具有了立体感和装饰性（见图 2-5）。在不断改进中，香包有了创新，进一步融入了时代的新元素和文化韵味。结合剪纸、印染、扎染等多种工艺，香包增加了挂件、佩戴、家居等许多创新功能。现在的香包多种多样：剪纸纹样的香包（见图 2-6）以中国红为主色调，配以朱砂、流苏，体现香包的立体感和装饰性；扎染纹理的香包（见图 2-7）以自然印染的柔和色彩为主，配以银饰、玛瑙、流苏，同样体现香包的立体感和装饰性。剪纸纹样和扎染工艺做的香包，更具有地域特色和现代文化气息，既是实用品又是艺术品。结合制药专业知识，融入博大精深的中医文化，可以丰富和提升香包养生保健的实用价值。

3. 代表人物

毛瑞清，小学高级美术教师，担任美术教学工作多年，长期致力于传统文化的教学和探究，个人及学生的绘画作品、剪纸作品多次在全国获奖并被报刊发表。由于工作突出，2005 年，毛瑞清被评为"山西省教学能手"，同年被评为"临汾市教学能手"。2014 年，她凭作品《六鱼图》荣获"三晋巧姐"优秀奖。2016 年，她的作品《富贵有余》在文化部（现文化和旅游部）非物质文化遗产司、上海市非物质文化遗产保护中心的展览中获奖，并由上海海派连环画中心永久性收藏。

△ 图2-5　平阳香包（毛瑞清作品）

△ 图2-6　剪纸纹样香包（毛瑞清作品）

△ 图2-7　扎染香包（毛瑞清作品）

2.3 嘉定黄草编

1. 嘉定黄草编介绍

草编是民间广泛流行的一种手工艺品，是利用各地所产的草，编成各种生活用品。2008年，草编入选第二批国家级非物质文化遗产名录。草编在中国分布很广，主要产区有山东、浙江、广东、河南等地，有河北、河南、山东的麦草编，上海嘉定和广东高要、东莞的黄草编，浙江的金丝草编等。农民和手艺人利用当地的玉米皮、席草、茅草、麦秸等，编成帽、篮、拖鞋、提包、地毯、睡席等日用品，品种花色繁多，质量优良，富有朴素雅致的风格，在国内外盛销不衰。

上海嘉定的编制工艺闻名国内外，主要以日用工艺品为主。嘉定草编以黄草为原料。黄草属单子叶植物纲莎草科，原生于嘉定东澄桥镇一带的滩头河边，有"名城宝产数黄草"之说。黄草茎秆光滑柔韧，自明代起，当地居民就用其编织蒲鞋。清代光绪时期，黄草编制技术就已十分发达。近代，黄草已实现人工栽培。

2. 草编工艺的创新

草编本是一种在日常生活中常见的非遗工艺，但随着生活方式的改变，草编的应用受到限制。草编品中有草拖鞋、草包、杯垫等生活用品，图案简单大方，一般以龙凤纹样为精品。龙凤纹样的草拖鞋（见图2-8）广受大众喜爱，现在又延伸到了龙凤纹样的草包（见图2-9）。随着现代生活的发展、传统工艺的复兴，草编品也逐渐向生活装饰品扩展，各类美观独特的草编花瓶（见图2-10）出现了，也有草编与陶瓷相结合设计的器皿。草编除与陶瓷跨界合作以外，在服饰配件中也有创新，用草编制作的耳环（见图2-11）

和戒指（见图 2-12）新颖别致，也扩大了草编工艺的应用面。

3. 代表人物

王勤，上海徐行草编名师工作室负责人，上海市五一劳动奖章获得者，国家级非物质文化遗产——徐行草编代表性传承人，嘉定工匠，嘉定区"非遗进校园"指导老师，徐行镇"工匠讲师团"讲师，学习草编设计制作十多年，现已成为一名既会熟练编织又能创新设计的新一代徐行草编传人，并全身心投入草编传承的事业中。王勤努力创新实干，探索草编从传统平面转向立体编织的工艺，融合草编与其他元素，使传统的草编焕发出新的生命力。目前，王勤拥有 80 余件草编作品，包括复古时尚草编包、草竹编龙凤果盘等，还与上海艺术品博物馆合作完成草编创新产品 30 余件。她近年来的作品参加了伦敦手工艺展、中国国际进口博览会等展览展示活动 50 余次，荣获了 2018 年中国第五届非物质文化遗产博览会传统工艺比赛草柳藤编组第二名等诸多荣誉。2019 年 1 月，王勤获"凝心聚力·提质增效——打响上海文化品牌，打通公共文化服务'最后一公里'"立功竞赛活动"优秀个人"称号。她领衔的工作室荣获"嘉定工匠王勤创新工作室""上海市巾帼创新工作室"等荣誉称号。

2.4 银 饰

1. 银饰介绍

银饰工艺繁杂，品类齐全，有錾刻、锻造、花丝等工艺。

錾刻是利用金、银、铜等金属材料的延展性兴起的中国传统手工技艺，作为中国传统手工艺百花园中的一枝奇葩，它是随玉石器、骨角器等加工技术演化而来的。从一些出土的商周青铜器、金银器上的錾刻文、镶

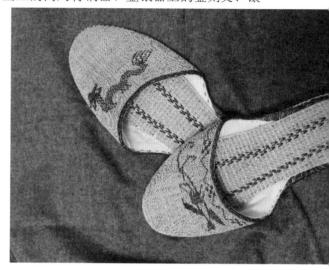

△ 图 2-8 龙凤纹样草拖鞋

△ 图 2-9 龙纹样草包

△ 图 2-10 草编花瓶

△ 图 2-11 草编耳环

△ 图 2-12 草编戒指

嵌和金银错等可知，这种技术至今已有数千年的发展历史。錾刻工艺的操作，是在设计

好器形和图案后，按照一定的工艺流程，以特制的工具和特定的技法，在金属板上加工出千变万化的浮雕状图案。錾花是一种中外常见的金银加工的古老技法，将金银锤薄，再用錾子錾镂出浮雕的效果，或錾上丰富的纹饰。一般来说，錾花的面积越大，表现出来的效果越丰富。錾花工艺有阳錾、阴錾、镂空型等数种。

花丝工艺又称为细金工艺、累丝工艺，是将金、银、铜等抽成细丝，以堆垒编织等技法制成。镶嵌则是把金银薄片打成器皿，然后錾出图案，或用镂弓镂出图案，并镶嵌宝石而成。

由一根根花丝转变为一件完整的作品，要依靠堆、垒、编、织、掐、填、攒、焊八种工艺，而每种工艺细分起来又是千变万化的。制作花丝镶嵌饰品，要经过制胎造型、花丝成型、烧焊、咬酸（酸洗）等程序后方成半成品，再烧蓝或镀金银，提亮，有时还要再镶宝或点翠方能整体完成。花丝镶嵌的精髓在花丝，后期的镶嵌、点翠则起到画龙点睛的妙用。

2. 银饰工艺创新

传承人段松文早期的作品以少数民族腰带为主，大多是以藏族文化为特色，如格桑花系列之一的拉绒腰带（见图 2-13）。经过时代的洗礼，格桑花系列也与时装界的设计师碰撞出了作品，让草原上的美丽之花——格桑花绽放在都市的各个角落。《格桑花开》（见图 2-14）是孙钰涵工作室的作品，由银饰格桑花与挑花工艺相融合应用于服装中，通过设计，银饰的体积变小了，设计师提取了格桑花的花形作为图案设计，点缀装饰在服装上，让传统古朴的银饰有了时尚感。

花丝工艺代表人吴涵创作的作品大多以夸张的表现方式出现，2018 年创作的《幽

鸾》（见图 2-15）入围 2019 上海新锐首饰设计大赛以及 2019 新手工运动，作品《丝语》（见图 2-16）和《螺·鱼·莲》（见图 2-17）参展了 2019 "炼"第五届新技艺国际青年工艺美术作品展。

3. 代表人物

1）錾刻工艺代表人物

段松文在垂髫之年就受家族影响开始学习银饰制作，对银饰有很深的感情。在他看来，银饰是有语言、有生命的，它是众多民族文化的交织。段松文的家里一直传着一杆老秤，是当年他的父亲留下的。"时光的侵蚀使它越发古旧，每当看到它在那里，就好像父亲在提醒我，要把这个技艺传承下去，要让更多的华夏子孙见到这朵民族之花。"毕竟只有留下花种，才能有繁花盛开的时刻。

情之所倾，心之所向；情之所思，兴之所至。正是因为心之所向，才有了后来的兴之所至。"喜欢"二字始终是他在银饰这条路上坚持下去的初心。他说："做银器这一行，首先你得喜欢，因为你只有真心喜欢这个东西才会花时间去钻研它、琢磨它。倘若你只是将它视为工作的必要，你就会觉得枯燥无味，这样的情况会影响你的灵感，形成恶性循环。因此，喜欢是第一位的。其次你得有耐心，当然这必须建立在你具有浓厚的兴趣的前提下，三分钟热度可不行。毕竟走这条路也不容易，得沉下心来坚守住才行，耐心会帮助你在这条路上走得更加顺利，更远。最后一点是要有归属感，要做到'诚信做银'，毕竟'诚信'会决定你能不能走到最后、笑到最后。"

2）花丝工艺代表人物

吴涵在非物质文化遗产银饰大师的带领

下学习研究创作银饰，对银饰的錾刻、锻造、花丝等技艺方面有了进一步的认识。他犹如一个探测雷达，探索银饰之中涉及一些有关民族优秀传统文化的问题及元素，用现代设计的手法应用收集到的素材，通过不同的设计方法使素材更加丰富、独特、具有吸引力，创新制作了一系列花丝工艺的银饰。

△ 图 2-13　格桑花拉绒腰带（段松文作品）

△ 图 2-15　《幽鸾》（设计师：吴涵）

△ 图 2-16　《丝语》（设计师：吴涵）

△ 图 2-14　《格桑花开》系列之一（孙钰涵工作室作品）

△ 图 2-17　《螺·鱼·莲》（设计师：吴涵）

2.5 染织工艺

1. 土布

1）土布简介

土布又称为粗布。它是淳朴的劳动人民以纯棉为创作原料，用原始的纺车、木织布机精心编织而成，在中国已有数千年历史。

在西方纺织技术还没传入中国之前，中国普通老百姓的衣服、床单、被套等都是手工纺织而成，由于这种纺出的布料线条简单，色彩单调，质感也较为粗糙，近百年来随着纺织工业的现代化，粗布逐渐淡出了人们的生活。这几年随着人们消费观念的改变，"绿色、环保、自然"成为人们追求的时尚，昔日的粗布经过现代工艺的创新和改善，色彩更丰富，触感更舒适，成为适合现代人需求的新型家纺用品。

土布工艺繁多，织工精细，从棉花种植到成布，要经过轧、弹、干、纺、过、染、浆等 11 道工序。为使布面平整光滑，还要经华石滚压。

在中华大地，土布的分布较为广阔。土布曾经还作为陪嫁之物。过去或是处于耐脏的需要，大部分土布色系较深，可能是过去需要耐脏的缘故吧，也有较淡的颜色，但一样的朴实无华；大多色感较硬，不同的色彩间泾渭分明，少有柔和的过渡，但这似乎也体现了农耕地域人的朴质与率真。

2）土布创新

土布随着现代审美的变化而逐渐在人们的日常生活中淡出，但是在中华传统手工艺的保护和传承下，土布的图案在不断创新，其产品也在不断革新中受到大家的喜爱。包袋一直是服饰配件中常用的物品，款式上的革新让土布做的包袋（见图2-18）有了都市

的味道。不仅在包袋上应用，土布做的玩偶

△ 图 2-18　土布做的包袋

△ 图 2-19　土布做的玩偶

（见图 2-19）成了近些年来的流行时尚。土布在搭配上也有独特的创新，与 T 恤或者牛仔裤搭配，不仅增添了可爱的情趣，也成了潮人们的符号。

3）代表人物

何永娣，出生于 1971 年，现任永娣土布传承馆馆长、上海永娣布艺有限公司执行董事、北京书院中国文化发展基金会崇明基地负责人、中国工艺美术学会会员。

她说："土布的美来自它每块布的纹样，也与它的本土文化和风俗息息相关。"她的作品《江边的浪花》（见图 2-20）是以崇明作背景，用土布表达她对崇明热爱。

2. 蜡染

1）蜡染简介

蜡染常见于我国少数民族中，是我国古老的传统纺织印染手工技艺，古称蜡缬，它与绞缬（扎染）、灰缬（镂空印花）、夹缬（夹染）并称为我国古代四大印花技艺。贵州和云南的苗族、布依族等民族都比较擅长蜡染。蜡染是用蜡刀蘸熔蜡绘花于布后以蓝靛浸染，既染去蜡，布面就呈现出蓝底白花或白底蓝花的图案，同时，在浸染中，作为防染剂的蜡自然龟裂，使布面呈现特殊的"冰纹"，尤具魅力。由于蜡染图案丰富，色调素雅，风格独特，用于制作服装服饰和各种生活用品，显得朴实大方、清新悦目，富有民族特色。

2）蜡染创新

"秀丽染"以"传承中华民族文化，发扬中式民族美学，再现华夏民族文明"作为创新宗旨，致力于中国传统少数民族文化的原创产品设计，追求一种立足于中国传统民族文化的现代生活方式，延续并传承首批国家级非物质文化遗产蜡染的精髓，融合现代

△ 图 2-20 《江边的浪花》（何永娣作品）

设计及艺术形式，设计出符合现代审美的生活衍生品，在服装（见图 2-21）和服饰（见图 2-22）上都有所创新，在蜡染图案上也传达了现代人的审美。

3）代表人物

靳秀丽，2011 年毕业于贵州省凯里学院艺术学院民族工艺设计专业，凯里学院工艺美术班蜡染专业外聘教师，2015 年 1 月荣获"黔东南州工艺美术大师"称号，2016 年 8 月获贵州省高级工艺美术师职称，2017 年 1 月被评为凯里市第七批非物质文化遗产项目革家蜡染技艺代表性传承人。

靳秀丽创立了"秀丽染"品牌。"秀丽染"产品主要包括蜡染手绘、艺术壁画、服饰、围巾、包包等一系列原创中国民族传统文化创意产品及衍生品。

△ 图2-21　"秀丽染"蜡染服装作品

△ 图2-22　"秀丽染"蜡染服饰作品

"秀丽染"坚持对传统工艺的忠贞，传承和发扬植物蜡染艺术，百分之百手工制造，无任何工业元素。"秀丽染"秉承传统文化的匠人匠气精神，采用蜡染与工笔手绘的完美结合，呈现一幅幅精美的作品，将中国传统文化和设计完美地结合在一起，体现一种东方雅致的生活方式。

3. 蓝印花布

1）蓝印花布简介

蓝印花布是中国传统的刮浆防染印花布，它从江南起源后流传至全国，曾"衣被天下"。其中，南通蓝印花布的发展令人瞩目，这与其得天独厚的自然条件与人文环境密切相关。南通濒江临海，土壤、气候适宜棉花生长。元代以来，由于棉花在江海平原的广泛种植以及江南纺织技术的引进，南通土布得以迅速发展。明代，南通民间大量种植蓝草，为蓝印花布提供了染料来源，促进了印染工艺的发展，形成了"乡乡都有染布坊，村村都有染布匠"的繁荣局面，并由此逐渐发展为以家庭为单位的印染作坊。这种家庭印染作坊的广泛分布为蓝印花布的传承及繁荣提供了有力的保障。南通因此被中国民间文艺家协会命名为"中国蓝印花布之乡"。图2-23为清代蓝印花布被面，上面印有狮子滚绣球的纹样。2006年，南通蓝印花布印染技艺被列入首批国家级非物质文化遗产保护名录。

南通蓝印花布分为蓝底白花和白底蓝花两种，其精湛的技艺和娴熟的刀法，在我国传统印染中独树一帜。蓝印花布的魅力在于图案形式多样，内涵丰富，其纹样将点、线、面有机结合，利用百姓喜闻乐见的吉祥图样，营造出喜庆、祥和的气氛。此外，值得一提的是蓝印花布框架式的结构，这种结构使画面主体更加突出，蓝白

布局对比更加强烈，在粗犷拙朴的造型之

△ 图 2-23　清代蓝印花布被面

中，更显刀法线条的流畅。

2）蓝印花布创新

在印染技艺方面，南通蓝印花布在传统的基础上进行了多方面创新：将传统的小布印染发展为宽布印染；将单调的蓝白两色创新到深浅蓝复色；将原始棉麻面料拓展到丝绸面料。

《青出于蓝》家纺作品（见图 2-24）选用了传统蓝印花布的艺术形式，将传统的蓝印花布工艺应用在真丝面料上，纹样吸收了传统团花纹的艺术特色，在设计手法上突出蓝印花布纹样的造型特点，在色彩上将古老的靛青色彩通过渐变赋予了现代的艺术气息，在立足于传统技艺的基础上，充分彰显民族特色，同时又符合当今的审美需求。

△ 图 2-24　《青出于蓝》家纺系列（吴元新工作室作品）

3）代表人物

吴元新，中国工艺美术大师，研究员，首批国家级非物质文化遗产代表性传承人，中国民间文艺家协会副主席，中国染织艺术研究中心主任，国家艺术基金评委，享受国务院政府特殊津贴；现任南通大学非物质文化遗产研究院院长，南通蓝印花布博物馆馆长，中国艺术研究院、苏州大学硕士生导师。

吴元新 40 多年来竭尽全力保护和传承蓝印花布艺术，抢救和保护蓝印花布等传统印染实物遗存两万余件，创新设计近千件蓝印花布纹样及饰品，出版了国家重点图书等十多部专著，主持国家社科基金艺术学重点课题以及国家艺术基金项目共三项。他创新的蓝印花布作品三度获中国民间文艺山花奖，设计的蓝印花布系列作品"凤戏牡丹"台布、"年年有余"挂饰、"喜相逢"桌旗系列被中国国家博物馆、中国工艺美术馆收藏。

吴元新被中国艺术研究院、清华大学美术学院等十多所院校聘为兼职教授和客座研究员。鉴于吴元新在传统文化传承和保护方面取得的成绩，他先后获得人力资源和社会保障部、文化和旅游部授予的"全国旅游系统劳动模范"称号，中宣部、中国文联授予的"全国中青年德艺双馨文艺工作者"称号，联合国教科文组织授予的"民间工艺美术大师"称号，2018 年被江苏省政府评为"江苏大工匠"，被文化和旅游部评为"全国非物质文化遗产保护工作先进个人"。2019 年，吴元新蓝印花布工作室被人力资源和社会保障部评为国家级技能大师工作室。

4. 扎染

1）扎染简介

扎染是我国传统印染技术中的一种，扎染工艺在隋唐时期就十分盛行。扎染主要是利用绳子在织物上进行捆扎或者扎结等，然后进行染色，它的原理是绳子捆扎过的地方是没有被染色的区域，从而形成花纹图案的效果。扎染的纹样大多以蓝白色为主。扎染过程主要分为扎花和染色两大部分，先扎花后染色，扎花的方式多种多样，不同的方式能够呈现不同的图案。在扎结过程中，用力程度不同，材料不同，染色过程中时间不同，都会形成不同的染色效果。

扎染的纹样是整幅扎染作品的灵魂所在，通过不同的方式可以表现不同的纹样。在扎结过程中，缝是最为基础也是最为主要的技法，用针线对织物进行有目的的缝制，抽紧，通过缝扎可以表现较为具象的纹样。捆扎法是扎结中较为常见也比较容易上手的一种方式，通过对织物的搓、拧、捆、扎等再用绳线固定，这种方式偶然成分较多，往往表现出洒脱、抽象、自然风格的纹样。在扎结技法中，还有利用工具达到扎染效果的，例如包裹法，将织物包裹一些硬物，捆扎后进行染色；还有夹板法，用规则的木质夹板将织物夹紧，再染色，一般都会呈现出规则的几何纹样。

2）扎染创新

在扎染技艺中，扎结的方式是变化无穷

的，只要掌握好"防染"的本质，就能不断发现新的扎结方式，使扎染作品的图案层出不穷，这样的效果既有出乎意料的惊喜，又有意料之中的把控。鲸鱼图案的扎染围巾（见图 2-25）既有具象图案的细节又带着一些抽象的韵味。

扎染的创新不仅仅在扎花技艺上，也在于生活方式的体现。含有扎染元素的抱枕

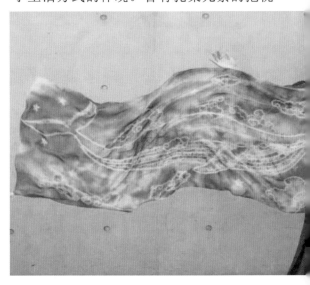

△ 图 2-25　鲸鱼图案扎染围巾

△ 图 2-26　扎染抱枕

（见图 2-26）打开了扎染的新天地，新元素的融合使扎染作品时尚感十足。

　　3）代表人物

　　王奕蓉曾是一名高职院校的美术老师，辞职后投身云南大理周成村，跟随国家级非物质文化遗产白族扎染技艺传承人学习传统扎染技艺，也曾多次前往黔东南和黔西南的苗族原始村庄，拜访老手艺人学习古法建缸技艺。2015 年，王奕蓉在上海成立了纯古法蓝染手作坊，专业从事纯植物蓝染，研究扎染的工艺及课程教学。2018 年 7 月，王奕蓉赴日本参加第十一届国际绞缬大会，跟随各国大师们学习绞缬新技术。2018 年 8 月，王奕蓉的扎染作品《归》入选首届全国工艺美术大展，在上海龙现代艺术中心展出。

5. 彝绣

　　1）彝绣简介

　　彝绣即彝族刺绣，是在彝族中广泛流传的一种技艺。彝族是我国的第六大少数民族，人口众多，分布广。彝绣作为中国第二批非物质文化遗产，是彝族服饰中不可缺少的一部分，它五彩斑斓的图案、丰富多彩的刺绣方式是彝族文化的精髓。彝族的刺绣工艺历史悠久，与彝族服饰融为一体，是彝族纹样的装饰手法之一，有着特殊的审美价值和文化内涵。

　　刺绣是民族图案应用到服饰上最直接的一个工艺手段。彝族刺绣工艺具有题材广泛、针法多样和色彩丰富的特点。彝族刺绣有以崇拜老虎为特色的动物纹样，如彝族的虎头帽（见图 2-27）；有以马缨花为首的植物纹样，如彝族常用的马缨花纹样的鸡冠帽子（见图 2-28）；还有特有的几何纹样及其构图方式，如云纹、回纹、雷纹

等。民族图案是对生活的一种寄情，传统刺绣图案一般都有美好的寓意，譬如凤穿牡丹（见图 2-29）、蝶恋花（见图 2-30）等。彝族用这些具有特殊寓意和独特形式的图案转化成美轮美奂的服饰，即使跨越了千百年的历史，却依然有着独特的艺术魅力。彝族刺绣除图案丰富多彩、构图形式讲究以外，针法

△ 图 2-27　彝族虎头帽（李如秀藏品）

△ 图 2-28　彝族马缨花纹样的鸡冠帽（李如秀藏品）

△ 图 2-29　彝族凤穿牡丹纹样

△ 图 2-30　彝族蝶恋花纹样（彝家公社作品）

△ 图 2-31　彝族围腰

也多种多样，其中最为常见的有平绣、锁边绣、贴花绣、挑花绣等。

彝家女子通常都擅长刺绣，在民间还流传有"不长树的山不算山，不会绣花的女子不算彝家女"的古训。也正因为这样，彝家女子向外界展现出了一种心灵手巧、美丽聪慧的形象。

在彝族服饰中，除了被我们所称颂的刺绣外，服饰上的配件也是一个亮点，彝族刺绣工艺与服饰配件完美地融合在一起。常见的彝族的服饰配件有虎头帽、虎头鞋、鸡冠帽、鹦鹉帽、挂包、围腰、尾饰等。

彝族服饰配件中围腰（见图 2-31）独具特色，与围腰配套的饰品也是丰富多彩的。彝族妇女一般将围腰带子在身后打结，垂至臀部。围腰的图案精美，缨穗飘动，具有装饰作用。有的妇女还会精心缝制一条与围腰配套的绣花腰带。不同式样的围腰最初是彝族妇女为了防冷风而制作的，彝族服饰下装都宽松肥大，系围腰也是为了方便妇女们劳作，同时也能凸显腰身。

尾饰（见图 2-32），也称衣尾，是指服饰中对臀部附近进行装饰的配件。彝族人民非常重视尾饰。尾饰形式多种多样，基本的形态是在衣服后襟装饰一块形状不一的后下摆，也有将两种装饰方式结合起来的。这种极富文化意义的尾饰风俗曾在世界各地相当长时间内和相当广阔范围内盛行。

2）创新代表

彝家公社，位于有着"省垣门户、迤西咽喉、"之称的楚雄彝人古镇。彝家公社秉承"一物一品彝文化，一针一线彝乡情"的主旨，深入挖掘每个作品背后的故事，充分展现人类文化艺术的瑰宝。

△ 图 2-32　彝族尾饰

彝家公社用时尚的视角和方式，与传统的彝绣相结合，制作出受市场欢迎的工艺品。这种碰撞不仅是对彝族文化的传承和保护，而且能够赋予彝绣全新的时尚含义。面对濒临失传的传统手工艺，最好的保护方式是让它重新契合时代的脉搏，焕发出新的生命力。图 2-33 中的服饰纹样将彝族的各种文化融合在一起：葫芦的外形取"福禄"的谐音，葫芦中有彝族崇拜的老虎纹样、火纹样、九瓣花纹样等。

这里有真实的彝族人家世代相传的珍品，承载了生生不息的彝族变迁历史；这里有中国现代设计师用彝绣创造的作品，完成了传统文化艺术与现代时尚审美的完美融合；这里还有彝绣传承人的现场演绎，由彝族绣娘将中国彝绣的独特艺术一针一线地展现给世界。彝家公社坚持彝族服饰的传承与创新，不断拓展市场，将彝族文

化带入国际市场（见图 2-34），产品畅销法

△ 图 2-33　福禄刺绣（彝家公社产品）

△ 图 2-34　彝家公社服装在国际上展示

国、意大利、西班牙、瑞士、摩纳哥、印度等国家。

3）代表人物

李如秀，彝绣传承人，她从小在云南省楚雄彝族自治州永仁县中和镇的直苴村长大。李如秀深受家里人影响，7 岁时就跟着母亲纺麻织布，11 岁给自己绣制简单的围腰和衣服，渐渐成了能歌善舞会绣花的好手。她13 岁时入永仁文工队当学员；23 岁时文工队撤销，她被分配到永仁县文化馆，工作至今。李如秀能够熟练使用各种彝族刺绣技法（平绣、十字绣、扣绣、滚绣、扣边绣等），精美的作品不断获奖，她由此获得了楚雄州

"十大刺绣女能手"称号，并被县委、县政府授予"科技进步先进个人"称号。

2.6 剪 纸

1. 剪纸简介

山西省的浮山县被誉为"剪纸之乡"，剪纸作为第一批被列入国家级非物质文化遗产代表性项目名录的工艺品，在浮山可以说是家喻户晓，从小到老，几乎人人都可以拿起剪刀来一段剪纸秀。浮山剪纸大多走夸张、变形、粗犷的路线，分为阴刻与阳刻，有单色剪纸、染色剪纸、套色剪纸。随着时代的发展，剪纸变得多样化，从最开始简单的团花、盆花、"囍"字等小型剪纸发展到现在的剪纸肖像、剪纸风景等大型剪纸，让人眼花缭乱，值得发扬、传承。

2. 剪纸在服饰上的创新

剪纸是一个历史悠久的非物质文化遗产，它的图案均以中国传统图案为主。在现代设计中，剪纸常常以图案为元素以印花工艺为载体在服饰中呈现。《玉素婷婷剪纸包》（见图2-35、图2-36）是根据剪纸作品通过刺绣的方式表现的："霓裳片片晚妆新，束素亭亭玉殿春"，玉兰花飘拂轻柔的花瓣，就像纤细女子的腰肢那样的婀娜多姿。《玉素婷婷剪纸包》系列作品是剪纸传承人乔秦创作的作品，设计师通过刺绣的方式将玉兰花的图案呈现在信封包上，灰色与红色的搭配加上白色的点缀，让整个作品有了中国传统风格，包袋现代化的设计手法又让包袋具有了时尚感。小小的包既可以直接拿在手上，又可以作为包中包存在。

△ 图 2-35 《玉素婷婷剪纸包》（设计师：沈叶）

△ 图 2-36 《玉素婷婷剪纸包》（设计师：沈叶）

3. 代表人物

乔秦，1990年6月出生于山西省浮山县城内，笔名郑盼，2011年毕业于太原大学（现太原学院），中华文化促进会剪纸艺术委员会会员，山西省民间剪纸艺术家协会理事，临汾市工艺美术大师，他从小受爷爷郑洪峨（工艺美术大师）的影响，学习剪纸艺术，为第三代剪纸传承人，大学毕业后从事剪纸艺术的收藏与制作，协同爷爷创作大型剪纸

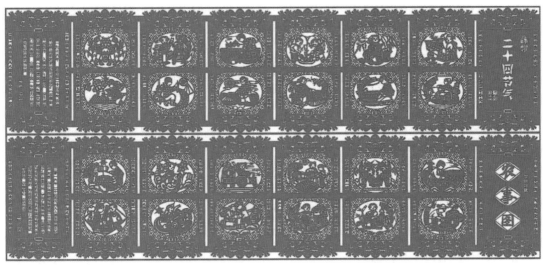

△ 图 2-37 《二十四节气农事图》（乔秦作品）

《老子八十一化图》《晋善尽美》《贾存仁与弟子规》等作品，获得多项荣誉。他的代表作品为《二十四节气农事图》（见图 2-37）。二十四节气是我国人民累积千年的民族智慧，它长期指导着传统农业生产和人们的日常生活，是中华民族对多变的大自然不懈探索的结晶。

1976 年，郑洪峨根据二十四节气农事活动用剪纸艺术的形式完成了《农事图》创作，入展全国年画展览，原作被故宫博物院收藏。2016 年，二十四节气列入联合国教科文组织人类非物质文化遗产名录。"四十年前我爷爷根据二十四节气创作的《农事图》获得了很高的荣誉，但是我认为用民间剪纸的形式创作的年画与纯民间剪纸是有区别的，为此我在此基础上尝试重新创作，以表初心，以示传承。"乔秦解释说。

2.7 皮 影

1. 侯马皮影简介

侯马皮影是山西皮影的一支重要流派。侯马皮影以母牛皮为主，制作过程大体分为选料、泡制、刮皮、绘图、雕刻、染色、熨火和装订等八道工序，所用工具为木板、针笔、刮刀等，其艺术风格广受战国时代帛画和汉代画像石、画像砖的影响，色泽艳丽，经久不变，纯正大方。它的最大特点在于人物脸部是镂空的，更有利于表现人物的喜怒哀乐之情。制作人物有生、旦、净、末、丑等，角色齐全，千姿百态，如图 2-38 所示。

2. 皮影在服饰上的创新

皮影既是一门手工艺也可作为一种表演艺术，但是皮影与服饰的结合以往只限于皮影的图案在服饰上使用而已。《彝罗凤影》（见图 2-39、图 2-40）选取彝族的凤凰和老虎作为造型基础，代表着美好的祝愿，也是

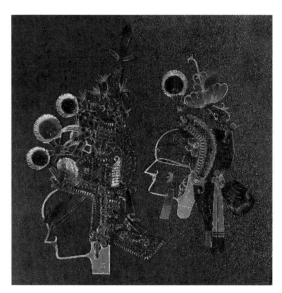

△ 图 2-38　皮影人物（刘淑玉作品）

彝族老虎崇拜在现代服饰中的呈现，老虎图案象征着守护彝族五谷丰登，远离伤病；在材质上应用了皮影的技术；在吉祥鸟的身体部位以彝族花卉为图案设计，在老虎的图案设计中提炼了彝族虎头帽中的可爱元素，用曲线作为图案填充，加以皮影的表现手法，作为挂饰装饰在服装的肩部，缀于礼服裙的下摆处，打破传统彝族传统配饰的概念，把传统的图案、非彝族的变现手法和现代设计融为一体。

3. 代表人物

刘淑玉，从小受母亲赵翠莲（皮影雕刻传承人）的熏陶而喜好皮影，十岁时就帮母亲赵翠莲在皮影骨缝处用圆形刀打眼，日子一长，母亲见其干活有耐心又细心，且特别喜欢皮影，就渐渐地将一些她能胜任的工作交给她。升入职业中学时，刘淑玉选择了美术专业，由于有了美术基础，她在操刀刻皮影时领悟很快。2003 年，刘淑玉职业中学毕业后，便一心一意跟随母亲制作皮影和学习皮影表演。2005 年 3 月，她随母亲应邀赴

△ 图 2-39　《彝罗凤影》（设计师：车迪）

△ 图 2-40　《彝罗凤影》（设计师：车迪）

日本京都进行学术交流和展演，同年与母亲一起雕刻制作的皮影长卷《民间社火》，获第六届中国民间艺术节万件民间艺术珍品展金奖。

2015 年 10 月，她制作的皮影《老鼠娶亲》在第十六届中国工艺美术大师作品暨国际艺

术精品博览会上获得 2015 "中国原创·百花杯"中国工艺美术精品奖铜奖。2016 年 8 月，她制作的皮影《巧梳妆》获第三届"三晋巧姐"手工艺品展银奖。

/// 实训项目 ///

项　　目	表现方式	评价标准	所占比例
以中国年画为设计元素，设计一款包袋	手绘、计算机绘均可	（1）包袋款式新颖； （2）具有年画的独有特征； （3）设计巧妙，构图完整	10%
以香包为设计元素，进行香包与其他工艺的融合创新，设计一款服饰配件	手绘、计算机绘均可	（1）服饰配件设计款式新颖； （2）工艺融合得当； （3）有实用性，可复制推广	10%
以草编为设计元素，设计一系列以草编工艺为基础的服饰配件	手绘、计算机绘均可	（1）草编工艺表现到位； （2）配件设计款式新颖	10%
以银饰为表现工艺，设计一款以图案錾刻为主的银饰，设计一款以花丝工艺为主的服饰配件	手绘、计算机绘均可	（1）能体现银饰的两种工艺特征； （2）图案设计有创意，构图完整； （3）配件设计款式新颖，构思巧妙	10%
以土布为元素，通过编织、拼接等工艺手法创新设计一款服饰配件	实物表现	（1）设计构思巧妙、款式新颖； （2）工艺精细、有创新； （3）有实用性、可推广性	10%
以蜡染、扎染为表现工艺，选用一种工艺设计一系列服饰配件	实物表现	（1）系列感强； （2）款式新颖； （3）有实用性、可推广性	10%
以蓝印花布为设计元素，结合其他传统工艺创新设计三款一系列服饰配件	手绘、计算机绘均可	（1）工艺结合有创新点； （2）系列感强，款式新颖； （3）有实用性、可推广性	10%
以彝族为背景，设计三款一系列具有彝族特征的时尚配件	手绘、计算机绘均可	（1）彝族特征强烈，又有时尚感； （2）系列感强，款式新颖； （3）有实用性，可复制推广	10%
以剪纸为设计元素，设计五款一系列服饰配件，可考虑制作工艺、呈现方式	手绘、计算机绘均可	（1）剪纸元素与配件完美融合； （2）款式设计新颖独特； （3）有工艺说明，可实现性强	10%
以皮影为设计元素，设计两款皮影与服饰融合的服饰配件	手绘、计算机绘均可	（1）皮影应用合理得当； （2）考虑到工艺结合，可实现性强； （3）款式设计新颖独特	10%

应 用 篇

项目 3
服饰配件的
设计方法

3.1 图 案 法

图案，顾名思义就是图形的设计方案。现代美术教育家陈之佛认为，图案是基于现实的一种平面、立体的设计和构想，是对现实原型的一种加工和创作。工艺美术教育家雷圭元先生在《图案基础》一书中谈道："图案是实用美术、装饰美术、建筑美术方面关于形式、色彩、结构的预先设计。"[1]

在服饰配件中，图案的出现，一方面是为了适应生产、生活的需要，增加配件的装饰性；另一方面，是通过以形具画来实现对社会历史、图腾崇拜、自然崇拜的

---

[1] 雷圭元：《图案基础》，人民美术出版社，1963，第 7 页。

一种象征、隐喻性表达。例如，虎头帽在很多地方都深受欢迎，通常适用于孩童，它在民间有驱邪护体的含义。

图案可以通过抽象、夸张、变形等手法，融合创作出一幅幅内容丰富的画卷。点与线的结合，面与角的交叉，可以组合成一个个图案。图案也是中华民族传统服饰和传统工艺中的一个重要特征，蕴含了深厚的民俗内涵，同时也带有图腾崇拜和吉祥寓意的影子。不少服饰配件以图案作为创作亮点，通过解读传统图案，对图案进行变形和分解处理，对原有图案进行简化归纳，融入现代元素，用现代的方式重新整理设计传统的表现语言，弘扬中华民族文化。

图案法是指将图案的创意直接应用在服饰配件中，以图案作为配件的主要吸引点。每个图案都有自己的语意，传递着设计者的思想、观念及情感。图案法即用图案本身的语意，以服饰配件为载体，传达情感。

案例分析

图 3-1 中的作品直接以年画的图案为设计背景，利用原始年画图案为表现素材，结合年画特征及色彩，设计了具有中国特色的

△ 图 3-1　年画帆布袋
（设计师：唐家婧）

边框。该帆布袋的设计遵循了实用为主的原则，帆布袋上的图案是购买者的关注点所在。此乃图案法在服饰配件上的应用。

案例分析

图 3-2 中的作品以彝族的一个分支——花腰彝的图案作为设计亮点，这是花腰彝中的一个典型图案，正倒摆放，有着不同的意思：正着看，有人说是猴面，有人说是狮面；倒着看像是鸳鸯戏水，也有人说是猪面。代表性的图案应用在包袋上，直接赋予了包袋别样的民俗魅力。

△ 图 3-2　花腰彝包包（设计师：代玉梅）

3.2 符号法

黑格尔在《美学》一书中说道："象征首先是一种符号。不过在单纯的符号里，意义和它的表现的联系是一种完全任意构成的拼凑。这里的表现，即感性事物或形象，很少让人只就它本身来看，而更多地使人想起

一种本来外在于它的内容意义。"① 人类文明痕迹中的岩画,用粗犷、古朴、自然的手法反映当时的生产方式和他们的生活内容,一些古朴的线条亦是一种特定意义的符号。美国人类学家格尔茨曾强调:"文化是指从历史沿袭下来的体现于象征符号中的意义模式,是由象征符号体系表达的概念体系,人们以此进行沟通,延存和发展他们对生活的知识和态度。"②

任何事物想要被广泛认知,符号化表达是最方便的一个捷径。文化符号衍生于传统,在传统的基础上,根据文化历史的变迁,进行的一种解构和再造。文化符号的建构,借用和融合了本土性元素和大众性元素,它是对文化形态的一种凝练象征表达,是适应于将来的一种文化调试。

案例分析

《葫芦娃》是我国一部家喻户晓的国产动画片,也是中国动画繁荣时期的代表作,至今已成为中国动画片的经典之作。我们在剧中频频听到七个葫芦娃叫爷爷,"爷爷"显然已成为《葫芦娃》的一个典型符号。图 3-3 的口罩作品以《葫芦娃》为题材,将符号化的"爷爷"称呼和代表着七个葫芦娃颜色的七座大山为设计元素,直接明了将《葫芦娃》主题用符号表现在口罩上。

案例分析

中国的戏曲艺术本就是一种程式化的表现,在被广泛认知后人们会以生、旦、净、末、丑角色的形象代表京剧。图 3-4 的口罩

设计以京剧中的大花脸为元素,提取大花脸的典型特性作为符号设计应用在口罩上,用花脸角色的符号来表现京剧的主题设计。

△ 图 3-3 口罩设计(设计师:李双安)

△ 图 3-4 口罩设计(设计师:邹心怡)

---

① (德)弗里德里希·黑格尔:《美学》,朱光潜译,外语教学与研究出版社,2018,第 95 页。

② (美)克利福德·格尔茨:《文化的解释》纳日碧力戈等译,上海人民出版社,1999,第 103 页。

3.3 几何法

几何法是现代艺术的一种表现形式，是指抓住物象的特征，根据工艺制作、设计要求，把变化的物象处理成几何形状，如三角形、圆形、方形、折线形、弧线形等。几何法的设计需要从多方面尝试各种组合，在部分与部分的关系中创造必要的合理空间，从而达到新颖别致的效果。这种变形的倾向是理性的，其逻辑性较强。几何化的设计同样需要在特定的背景下融入文化传统、民间大众的文化认同和非遗活态性、传承性等特点，才能使产品更加具有人情味。

案例分析

几何法的设计方法不局限在配件的图案表现中，在服饰配件的款式设计上同样可以植入几何化的概念。图3-5的设计将包袋的外形及其图案采用几何化的处理方式：几何款式的拎包加上日式风的图案，让本是中规中矩的日本文化更加凸显出来。

案例分析

图3-6的作品的元素是年画中的门神，太过具象的年画人物虽然非常有中国传统文化的特色，但是缺少了一点时尚感，此作品将人物图案几何化设计后应用于帆布袋上，几何图形有效、有趣的组合，给原本传统的年画人物增添了些许趣味性和现代性。

3.4 解构法

解构，也可译为"结构分解"，是后解构主义提出的一种批评方法。随着社会导向和文化流行的发展，解构在设计界也逐渐被人们熟知和应用。在服饰设计中，解构通常作为一种设计手法，意味着对原有结构的破

△ 图3-5 几何包袋（设计师：张晓悦）

△ 图3-6 几何年画帆布袋（设计师：王玥彤）

坏与重组。在服装设计中，解构主义应用得较早，其中具有代表性的设计师有川久保玲、维维安·韦斯特伍德（Vivienne Westwood）、山本耀司。

表面的直接应用、随意的嫁接和拼贴更贴近于模仿，解构法的设计需要提取传统工艺中的某些元素与所设计的配件的造型、面料、色彩和图案等完全融合在一起，成为一个整体。解构法的特点是反常规、反对称、反完整，超脱一切程式和秩序，在形状、色彩和比例的处理上相对自由。为了"颠覆"常规，设计师通常会使用荒诞组合、随意堆砌等手段，营造出各种偶然的、超越传统而拥有的、强烈的艺术气质。

服饰配件的解构表现是指突破因传统的佩戴方式、尺寸大小而形成的固有的样式和规定的位置等，大胆创作颠覆人们心中约定俗成的形制特征。

案例分析

图 3-7 的腰带设计提取了中国传统的京剧元素，颠覆京剧中程式化的状态，通过分割图案的方式将面具的一半与花卉结合，破坏传统对称的视觉效果，破解了程式化的京剧呈现，这是运用解构法表现的服饰配件之一。

案例分析

中国古代凤冠霞帔中的凤冠是中国婚礼必备的服饰配件，凤冠的复杂度和精细度成了身份地位的象征。在图 3-8 的作品中，凤冠被解构在现代材料杜邦纸和铁丝中，框架式的帽形与凤冠看似随意自由地组合在一起，却完整地表现出了一个古风凤冠的主题，这也是解构法的表现方法之一。

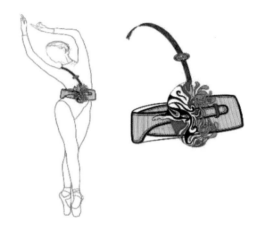

△ 图 3-7　腰带设计（设计师：杨梦露）

△ 图 3-8　《国粹流纱》帽饰设计（设计师：张晓悦）

3.5 色彩法

色彩，其本质是视觉信息。它是人们透过眼睛，通过大脑等复杂的神经机制，认知外部世界的一种信息。色彩向我们传达怎样的信息，我们又通过色彩表达一种怎样的认知，这其中体现出的即色彩的情感。每种色彩都拥有自己的情感元素，是伴随着历史的不断积淀而逐渐形成的。

服饰配件设计同样需要借助色彩情感将信息传递出去。色彩是修饰服饰配件的一个重要元素，也是现代服饰设计应用中的重要因素，具有人们所赋予的敏感特性。由于传统习惯、民族风俗等的特定需要，色彩在一定地区有着特定的语言，从而形成了色彩的象征性。独有的色彩能表达自然、宇宙、伦理、哲学等观念，具有一定的文化特征。

色彩搭配分为单色搭配、近似色搭配、互补色搭配等。单色搭配在服饰配件中的应用是指不同部件采用相同或基本相同的色彩；近似色搭配是指十二色环中相邻的 1~2 种颜色之间的搭配；互补色搭配是指十二色环中对角线的色彩搭配。

案例分析

图 3-9 中的名为《春水》的丝巾设计，灵感来源于金山农民画。金山农民画是上海金山的民间传统艺术，大多以江南水乡的风土人情为素材，用色大胆，艺术夸张，不受透视关系的约束。《春水》的作品用靓丽的色彩还原了农民画的特点，在色彩体现中以粉紫色为主基调，加入蓝绿色调和。

案例分析

《空间之谜》（见图 3-10）是一个包袋设计，包身犹如色块的拼接体，游戏俄罗斯方块是其灵感来源，不同颜色的色块紧密有序、错落有致地分布在包身上，色块的表现方式让整个包袋有了现代时尚的张力，包袋外应用了一个的编织的外套，若隐若现的虚幻交错，构画成一个色块的空间。

△ 图3-9 丝巾设计《春水》（设计师：陈昱轩）

△ 图3-10 《空间之谜》包袋设计（设计师：张晓悦）

3.6 混搭法

混搭是一个多义词，在时尚界和文化界等领域中，代表着不同的意思。混搭可以理解为混合搭配，就是将传统上由于地理条件、文化背景、风格、质地、价格等不同而不相组合的元素进行互相搭配，组成具有个性特征的新组合体。

混搭的原则是让不同风格、不同布料、不同颜色的单品搭配在一起，比如撞色，或者一件简单的条纹 T 恤搭配卷边裤等效果，已经是一种潮流必备元素。在配件设计中，混搭可以由不同风格的元素组合成一件单品。混搭是多种元素的共存，关键是要确定一个基调，定下一条主线，以某种风格为主线，其他风格作为点缀，有轻重、有主次、有大小地表现多种元素。

混搭可以理解为多元化的表现方式。中国有着丰富的传统文化的资源，又吸纳西方文化，可以容纳各类现代设计。

案例分析

图 3-11 中的滑板设计，以花腰彝的图样为灵感来源，别出心裁地将民族元素与街头文化混搭在一起。民族的文化、地域的色彩加上现代艺术中的街头艺术，多元化地组合在一起，不仅创造出一种混搭的配件，也体现出现代人的一种混搭生活方式。

案例分析

混搭的方法也经常在国潮风的设计中出现。图 3-12 的帆布袋将卡通的风格与传统年画混搭，构成了一种新风尚：带着吉祥含义的文字与传统年画的结合，卡通的头像与之相呼应，浑然天成为混搭的风格。

△ 图 3-11　滑板设计（设计师：朱家洋）

△ 图 3-12　《诸事顺利》帆布袋设计（设计师：赵炳尧）

/// 实训项目 ///

项　　目	表现方式	评价标准	所占比例
以中国传统文化元素为载体,用图案法设计两款帆布袋	计算机技法表现	(1) 包袋图案设计新颖; (2) 传统文化元素明显; (3) 能呈现帆布袋的正反面	15%
以中国传统文化为背景,用符号法设计两款一系列配件	计算机技法表现	(1) 既能提炼到位又能体现出中国文化特征; (2) 配件款式新颖独特; (3) 配件有实用性,可复制推广	15%
以中国传统文化元素为载体,用几何法设计三款一系列配件	计算机技法表现	(1) 几何拼接、衔接自然; (2) 配件设计款式新颖; (3) 体现传统文化特质	15%
以中国传统文化元素为载体,结合传统工艺,用解构法设计两款一系列配件	计算机技法表现	(1) 能体现传统文化与传统工艺; (2) 解构法运用合理; (3) 配件设计款式新颖,构思巧妙	20%
寻找一个合适用色彩法表现的传统工艺,设计三款一系列配饰	计算机技法表现	(1) 设计构思巧妙、款式新颖; (2) 工艺与色彩合理结合; (3) 有实用性、可推广性	15%
用混搭法设计两款一系列中国风配件	计算机技法表现	(1) 混搭得合理美观,系列感强; (2) 配件款式新颖; (3) 有实用性、可推广性	20%

项目 4
配饰设计

/// 学习目的 ///

1. 通过学习，了解各类配件的设计要点。
2. 掌握设计方法并将其应用于各类配件设计中。
3. 结合传统工艺、传统元素等创新配件设计。

/// 上课时数 ///

项 目	分 类	课 时
配饰设计	口罩	4
	面饰（面具）	4
	帽饰	4
	围巾（丝巾）	4
	包袋	8
	腰饰	4
	挂饰	4
	扣子	4
总 课 时		36

/// 课前准备 ///

1. 收集各类配件的图案。
2. 了解配件的流行趋势。
3. 准备计算机或者画纸和手绘工具。

4.1 口 罩

口罩主要作为卫生用品，为医护人员所使用。由于雾霾天气增多，暴露在变应原和细菌病毒中的可能性剧增，口罩成为人们生活中较为常见的服饰配件，在配件中也占据了举足轻重的地位。在炎热的夏天，爱美的女性为了防晒也会戴上口罩，推动了口罩的流行。

口罩的佩戴位置比较特殊，位于眼睛的

下方，遮挡了脸部的下半部分，在设计口罩时，我们不仅要注意口罩与肤色之间的关系，也要重视图案的摆放位置和图案的形态。口罩佩戴的位置决定了口罩面料的选择要以舒服透气为主。

案例分析

从口罩存在的意义来讲，口罩的功能性应该排于首位；因佩戴位置的特殊性，口罩的舒适性要大于美观性。图 4-1 中的两款中国风口罩设计，除美观以外，既考虑到了功能性又考虑到了舒适性。

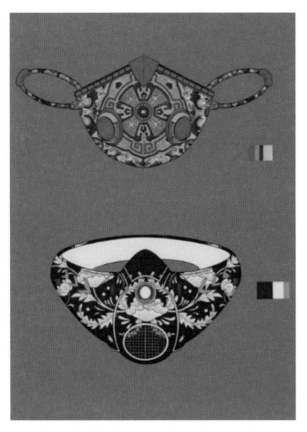

△ 图4-1 中国风口罩设计（设计师：林雨泉）

案例分析

图 4-2 的口罩设计非常符合年轻一代的审美，图案的设计夸张且具有趣味性，张扬的个性图案正好位于嘴巴的位置，具有强烈的视觉冲击力。

△ 图4-2 口罩设计（设计师：李双安）

实物赏析

口罩《落樱》（见图 4-3）采用浮雕感的蕾丝和双层真丝内里，百搭的温柔樱花粉的色调，无论是少女还是白领都能轻松驾驭。常规的款式是大多数人选择的倾向。

△ 图4-3 《落樱》（孙钰涵工作室作品）

实物赏析

四经绞罗是古法中一种高超的纺织技艺。口罩《蝶舞》（见图 4-4）的面料采用的就是蝴蝶提花的花罗，象牙白的颜色衬托出东方女性的肤色，在常规款式的基础上设计立体蝴蝶的装饰，让口罩变得与众不同，且蝴蝶的位置正好与耳朵相互呼应，没有打扰五官的美。立体蝴蝶的设计是整个口罩的点睛之笔。

实物赏析

口罩《金色魅影》（见图 4-5）以黑色为主体色调，金色为点缀，黑色与金色碰撞出神秘与高贵的气质，外加手工珠绣的手艺作为口罩的点睛，增添了口罩的艺术性。

△ 图 4-4 《蝶舞》（孙钰涵工作室作品）

△ 图 4-5 《金色魅影》（孙钰涵工作室作品）

4.2 面 具

面具是一种古老的艺术品，最早起源于戏剧。早在几千年前，剧场还没有成型的时候，在斗兽场中表演的人就佩戴面具以达到夸张的效果，当时的人用嘴角上扬表演喜剧，用嘴角下垂表演悲剧。

在我国，一些原始部落有头戴面具、挥动兵器赶走鬼怪的习俗，他们相信这些面具会赋予他们一种奇特的力量，如贵州的傩戏面具、藏族的藏戏面具、陕西的社火面具等。

在现代生活中，面具是一种夸张的装饰，常常在孩童的手工作品中见到。成人在某种特定的场合也会佩戴面具，例如化装舞会等。随着古风的盛行，有的人会以面具搭配装束，装扮成某个角色出行。

面具的创意设计不拘泥于形状和材质，也不受形态的限制，可以是立体的，也可以是平面的；可以是全脸的，也可以是半脸的。在工艺上，面具可以融合多种工艺进行创新。人们往往通过面具表达对生活的理解。

实物赏析

《红杏出墙头》面具（见图 4-6）的灵感来源于中国古代深宫大院内拼命向外生长的红杏枝头，宫墙为面具主体，枝干拼命地从眼框里向外生长，展现出红杏在夹缝中求生存的坚毅。该作品突破了面具的传统形态，眼睛位置穿出的树枝与红杏出墙的主题呼应，这也是此款面具设计的一个独到之处。

实物赏析

面具《锦·绣》（见图 4-7）的设计灵感来源于中国传统吉祥图案中的锦鲤元素，加以浪涛纹样，两者相生相伴、相随相依，取其吉祥相随之意，在呈现方式上打破面具的外形，用立体的锦鲤和波涛纹样破其方圆，象征自由。

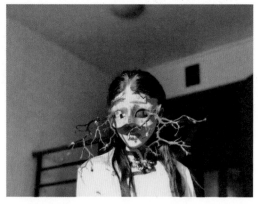

△ 图4-6 《红杏出墙头》面具设计（设计师：赵震）

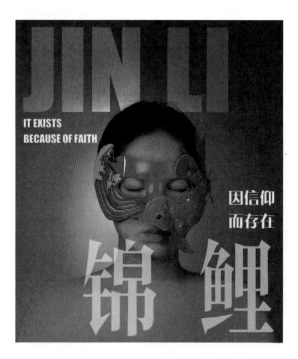

△ 图4-7 《锦·绣》面具设计（设计师：陈昱轩、马舒凡、朱家洋、李双安）

实物赏析

面具《东方魅影》（见图 4-8）的灵感来源于中华京剧脸谱以及装饰艺术设计，在配色上选用了具有东方特征的东方蓝、黑、红绘制左半边面具，右半边面具用零碎的纽扣堆砌装饰，让整个面具在视觉上有层次感；白色羽毛和红色花朵设计则是以早期西方贵族配饰为参考元素，相辅相成。整张面具呈现出中西合璧的现代时尚创意，体现出女性的优雅高洁和大气之感。

实物赏析

《山海经》中提到，"有五采鸟三名：一曰皇鸟，一曰鸾鸟，一曰凤鸟。"后世人通常将凤和凰解释为雌雄不同的一种鸟，其名为凤凰，亦作"凤皇"。《云端》（见图 4-9）以凤凰为设计元素，加上中国传统工艺剪纸艺术，流苏隐约遮住脸部下半部分，在空间上形成了虚实对比。

△ 图 4-8　《东方魅影》面具设计（设计师：唐家婧、王慧）

△ 图 4-9　《云端》面具设计（设计师：林珊）

4.3 帽 饰

帽子在我国古代称为"冠",在我国服饰中具有重要的地位。我国的帽饰品种丰富繁多,古时候,帝王戴的称为"冕",士大夫戴的称为"冠",一般女子在婚礼上带的彩冠称为"凤冠",平民百姓用的称为"巾",战场上为了保护自己的帽子称为"头盔"(这个名称现在还被沿用)等。在我国各个少数民族中也常见帽饰,有苗族的帽饰、彝族的鸡冠帽等。

帽饰是服饰配件中的一个重要配件,它不仅有保护作用,也有身份识别功能,例如人民警察的帽子、法官的帽子等。

帽饰不仅种类繁多,制作工艺和材料也众多,针织、梭织、皮革、皮毛、编织等都可以运用在帽饰上。除正常的佩戴方式外,包裹也是帽饰的一种特殊佩戴方法。帽子的装饰性效果,可以体现设计师的创作构思。这类设计作品通常较为夸张,运用强烈、突出的装饰手法。

帽子的设计应从以下四个方面考虑。

1. 帽身

帽身的变化可以通过帽顶的变化、改变帽墙的长短、增加层次等来实现。图4-10中帽子的设计重点在于帽身,通过可拆的帽身增加了帽子的多功能性,将传统的灯笼的折叠方式应用到帽身中,让整个帽子的中国风更加强烈。

2. 帽檐

帽檐是整个帽子中最易变化和最具有创造可能的一部分,可以通过加宽、变窄、翻卷、切割、折叠、起翘、倾斜、取消等方法进行

变化。图4-11中的帽子主要在帽檐上做折叠设计。

3. 帽子的装饰

帽子的装饰手法和材料多种多样,在设计上有立体的装饰,例如图4-12中的帽子运用了立体的牛角装饰,打破了帽子的原本形态,这一点缀使帽子上的牛魔王形象更加活灵活现。也有比较平面的装饰手法,不破坏帽子本身的结构,用亮片、毛球、花朵、贴布等材料做点缀,如图4-13中的帽子用花饰和立体的球来点缀。

4. 帽子的材质

在帽子设计中,一般来说,材料的选择决定了帽子的形状和风格,同样,设计不同风格的帽子也要选用不同的材料。按照季节分,冬天的帽子一般选用毛毡、毛呢等材质,夏天的帽子以凉爽透气、防晒为主要功能,多会选用编织类的帽子,例如草编、竹编(图4-14)等。帽子还有不同材料的组合设计,以满足人们更加个性化的需求。

△ 图 4-10 帽子设计(设计师:王玥彤)

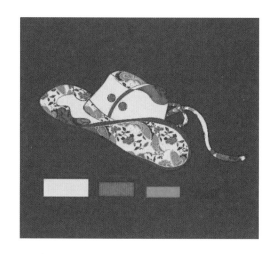

△ 图 4-11　帽饰设计（设计师：赵远波）

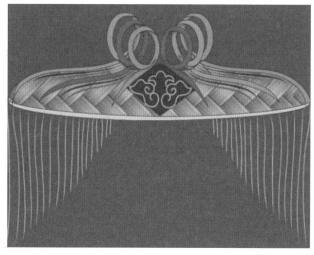

△ 图 4-14　帽子设计（设计师：吕娜）

△ 图 4-12　帽子设计（设计师：徐燕）

4.4 围　巾

　　围巾是女性服饰搭配中常见的一种配饰，无论是寒冬还是春秋，甚至是在酷暑，围巾都深受女性朋友的青睐。因不同季节的需要，围巾的材质有毛类、丝织类、棉纺织类等多种类型，厚薄不同。

　　在围巾这种配饰中，丝巾是比较具有中国色彩的。中国的丝绸是举世闻名的，对促进世界人类文明的发展做出了不可磨灭的贡献。远在几千年前，我国的丝绸从长安沿着丝绸之路传向欧洲，所带去的不仅仅是一件件华美的服饰，更是东方古老灿烂的文明，从那时起，丝绸几乎就成为东方文明的传播媒介和象征。丝巾以有着中国古老文化象征的丝绸作为设计载体，融合传统工艺或传统元素，呈现别样的魅力。

　　在丝巾设计中，如果只有单独的一种图案构成，除注重在图案上表现出轮廓、色彩、

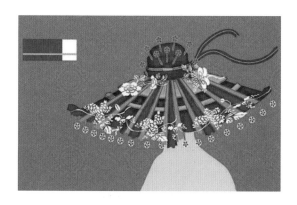

△ 图 4-13　帽子设计（设计师：赵炳尧）

空间、材质等审美以外，还要考虑到图案的形式美法则，不容忽视的还有丝巾佩戴后的效果。丝巾上的图案不仅是平面化的，还可以通过人体活态化地呈现出来。

实物赏析

图 4-15 为彝绣丝巾实物，小方巾加上角隅纹样的彝绣，就是一个画龙点睛的点缀。一针一线绣出来的物，体现着的是匠心。图 4-16 中全手工刺绣的窄丝巾，特别适合春风习习的季节。

实物赏析

中国藻井室内的上方，通常呈伞盖形，由细密的斗拱承托，象征天宇的崇高；藻井上一般都绘有彩画、浮雕；藻井的形式有四方、八方、圆形等，构造复杂。有的藻井各层之间使用斗拱，雕刻精致、华美，具有很强的装饰性；有的藻井不用斗拱，而以木板层层叠落，既美观而又简洁大方。藻井是敦煌图案中的精华，藻井结构是中华传统图案的一个典型元素，其层层叠叠的结构也是丝巾设计的最佳骨骼。图 4-17 和图 4-18 均是以藻井结构为骨骼设计的丝巾，竹又是中国传统元素之一，有着节节高升的美好寓意。

△ 图 4-15　彝绣小方巾

△ 图 4-17　竹报平安丝巾设计
（设计师：赵睿妍）

△ 图 4-16　《紫云语》窄丝巾（孙钰涵工作室作品）

△ 图 4-18　丝巾设计（设计师：唐家婧）

实物赏析

刺绣是服饰装饰手法的常见工艺，各种形态的花鸟鱼虫、飞禽走兽在一根根线的刻画下栩栩如生。刺绣工艺的丝巾一直作为高端丝巾在市场上售卖。图 4-19 中的丝巾设计是用彝绣的工艺勾勒出凤穿牡丹的故事，刺绣的丝巾在于一个"精"字，故摒弃了大方巾的设计理念，长条的窄丝巾的设计更能凸显其细致。

△ 图 4-19　丝巾设计（设计师：何柳）

4.5 包　袋

在中国历史上，包最早称为"囊"，又叫"荷囊"。荷者，负荷也；囊者，袋也。包的意思就是古人用来装零星细物的小袋。因古人衣服没有口袋，一些必须随身携带的物品（如毛巾、印章及钱币等），只能放在这种袋子里，在使用时既可手提，又可肩背。

包袋是现代服饰配件中的常用的配件之

一。随着社会的发展、时代的变迁，包袋渐渐成为女士衣着打扮中不可缺少的一部分。基于不同的潮流文化、时代状况、场合，包袋已演变出变幻无穷的形式。

包袋具有实用性和审美性两个特点。实用性是包袋产生的主要目的，大小、牢度、厚度、防腐、防水、质轻、便携等是包袋实用功能的考虑范畴。审美性是指包袋的款式、材料、色彩、品牌与服装的搭配等。包袋的设计可以从包袋的制作工艺和包袋的款式设计着手。

1. 包袋的工艺设计

随着中国风的兴起，传统工艺在包袋上也展示出了自己独有的美。刺绣的工艺在包袋中较为常见，刺绣手法不同，表现出的包袋风格也不同，如图 4-20 所示。图 4-21 中的包袋是用十字挑花绣的方式表现的。剪纸等元素的提取创作再应用于包袋中也深受欢迎，图 4-22 中的设计灵感来源于剪纸，并用流苏的装饰来增添朦胧感。除此之外，编织（见图 4-23）、竹刻（见图 4-24）、蓝染（见图 4-25）等工艺相互融合或者传统工艺与新型材料结合（见图 4-26）等设计在包袋创新设计中也别具一格。

△ 图 4-20　传统刺绣工艺包（设计师：代玉梅）

△ 图 4-21　十字挑花绣公文包（设计师：朱家洋）

△ 图 4-24　编织与竹刻结合的包袋设计（设计师：雷乐雨）

△ 图 4-22　剪纸工艺创新包（设计师：吕娜）

△ 图 4-25　蓝印花布与刺绣结合的包袋设计（设计师：吴梦雨）

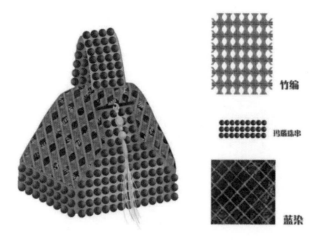

△ 图 4-23　竹编与蓝染结合的包袋设计（设计师：王玥彤）

△ 图 4-26　剪纸工艺与 PVC 材料结合的创新包（设计师：仰华梅）

2. 包袋的款式设计

按几何图形来分类，包袋的款式设计可分为正圆形、半圆形、三角形和方形等形状。《南风和煦》系列包袋（见图4-27）取材于彝族传说中的吉祥鸟，吉祥鸟的每条尾巴都有不同的吉祥寓意。

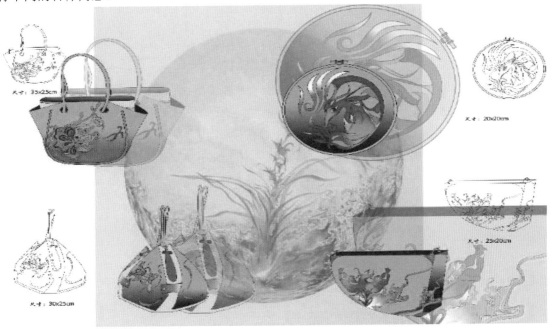

△ 图4-27 《南风和煦》系列包袋（设计师：刘美霞）

方形的包袋较为常见，例如公文包。在现代社会中，盒子包（见图4-28）盛行，方形的包袋掀起一阵流行浪潮。

时尚圈里从来没有不变的元素，几年前流行的是圆形包袋，与方形包袋相比，圆形包袋比更具造型感。圆形包袋有正圆形的（见图4-29）、长圆形的（见图4-30），还有半圆形的造型包（见图4-31）。图4-30的包袋设计灵感来源于油漆桶，加上中国传统蜡染工艺，传统中不乏灵动。图4-32中是一系列的包袋设计，用几何图形的设计方式将包袋设计得颇有风格。

△ 图4-28 掐丝填彩盒子包（设计师：杜艺）

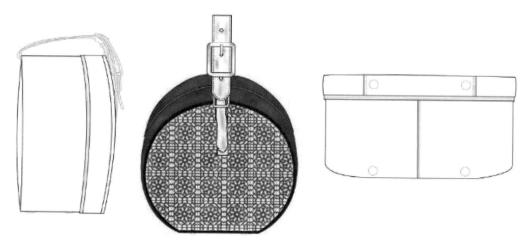

△ 图 4-29　正圆形造型包（设计师：李姿莹）

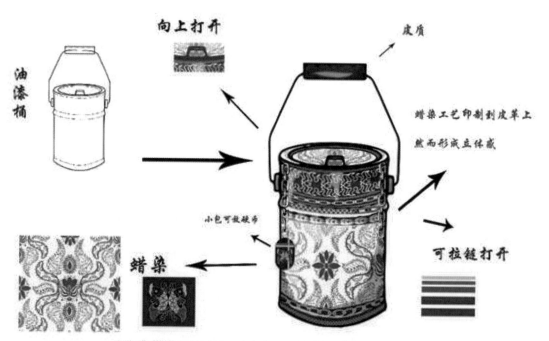

△ 图 4-30　圆形造型包（设计师：林珊）

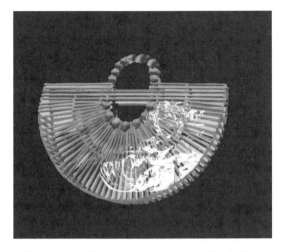

△ 图 4-31　半圆形竹编造型包（设计师：林珊）

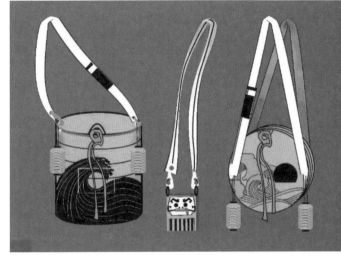

△ 图 4-32　造型包（设计师：赵炳尧）

实物赏析

　　图 4-33 中的《鹤舞金澜》手拿包和图 4-34 中的《缤纷图花》手拿包都带有中国传统吉祥图案仙鹤、团花、云纹等，既有传统的华丽精致，又有现代的时尚典雅。

图 4-33　《鹤舞金澜》手拿包（孙钰涵工作作品）

△ 图 4-34　《缤纷图花》手拿包（孙钰涵工作作品）

实物赏析

中国的刺绣历史悠久，有雅致的苏绣，也有色彩浓烈的彝绣。图 4-35 和图 4-36 中的作品均为彝家公社的彝绣包，包袋造型有圆形的，也有方形的；在工艺方面，除彝绣工艺外，还加入了编织工艺、竹提手等，丰富了包袋的层次。

△ 图 4-35　彝族刺绣包（彝家公社产品）　　　△ 图 4-36　彝绣与编织包袋（彝家公社产品）

4.6 腰 饰

所谓腰饰就是指人体腰部的装饰品。在等级森严的封建社会里，腰带具有身份标识的作用。最早的腰带是不加任何装饰的，魏晋以后，人们用金、银、铜装饰腰带，以区别身份高低。唐、宋以后，这种区别更加严格，为了显示富有、豪华，古代贵族阶级的腰带上，常系着珠缨宝石等装饰物，此外，还少不了长穗、玉佩等。

在现代社会中，腰带的作用如下。

（1）强调作用：可以通过腰带来强调服饰的颜色，也可以通过腰带来强调穿戴者的身材。

（2）协调作用：上衣与下装的色彩没有关联时，可以用腰带来调和上、下服饰的颜色。

（3）分割作用：人体的比例不够完善时，可以通过佩戴腰带调整身材比例关系。

时至今日，腰饰已经成为一种风尚，各大时装周上都能看到腰饰的应用。中国设计师也把目光放在了腰饰设计上，各类传统工艺在腰饰上百花齐放。

案例分析

图 4-37 中的腰带兼有功能性与美观性，它的设计利用了剪纸的传统工艺，选择剪纸图案为重点表现对象，在设计中同样考虑到功能的需求，添加了可拆卸的元素，皮质的材质增添了腰带的生活气息。

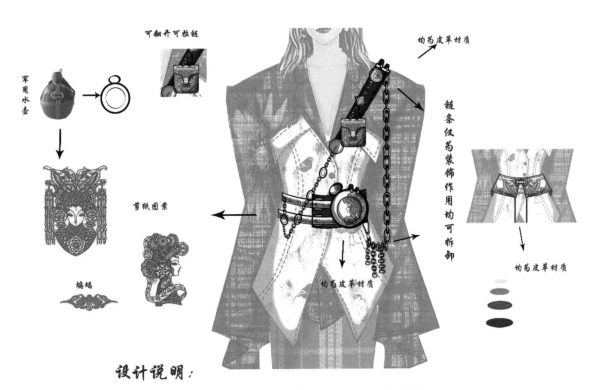

设计说明：

剪纸，又叫刻纸，是一种镂空艺术，是中国汉族最古老的民间艺术之一。加上传统戏曲文化从而更具有中国文化代表性。结合皮革材质更能凸显新时代生活气息。

△ 图 4-37 腰带设计（设计师：林珊）

案例分析

图 4-38 中的腰带设计满足了服饰颜色搭配的和谐，同样也是整套服装比例的黄金分割，粗细结合的腰带尽显妖娆的身材。图 4-39 为该作品的工艺说明图。

△ 图 4-38　腰带设计（设计师：吕娜）

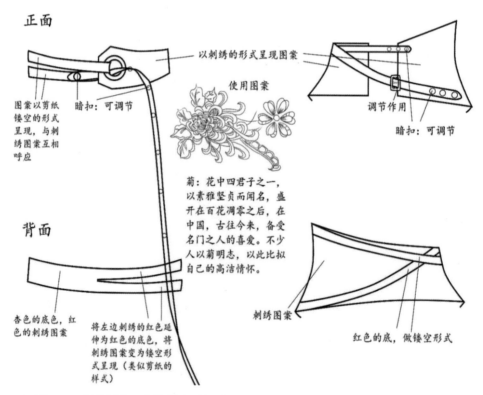

正面

以刺绣的形式呈现图案

图案以剪纸镂空的形式呈现，与刺绣图案互相呼应

暗扣：可调节

使用图案

调节作用

暗扣：可调节

菊：花中四君子之一，以素雅坚贞而闻名，盛开在百花凋零之后，在中国，古往今来，备受名门之人的喜爱。不少人以菊明志，以此比拟自己的高洁情怀。

背面

杏色的底色，红色的刺绣图案

将左边刺绣的红色延伸为红色的底色，将刺绣图案变为镂空形式呈现（类似剪纸的样式）

刺绣图案

红色的底，做镂空形式

△ 图 4-39　腰带设计工艺说明图（设计师：吕娜）

案例分析

图 4-40 中的腰带，设计灵感来源于盔甲，立体的剪纸图案和狮子环扣给腰带增加了中国风韵，也使腰带更富立体感，编织和流苏给腰带增添了一丝柔美。

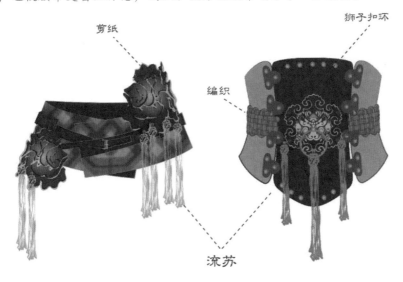

△ 图 4-40 腰带设计（设计师：王玥彤）

4.7 挂 饰

按搭配的物体来分类，挂饰可分为吊坠挂饰、手机挂饰、包包挂饰以及用于家居装饰的挂饰等。在传统工艺中最为典型的挂饰就是香包，亦称香囊，如图 4-41 所示。香包搭配各种中国结或小物品组成的挂件，既具有装饰功能，又具有祛除异味、净化空气、缓解压力、防虫防蛀等功效。旗袍上的压襟（见图 4-42）也属于挂饰之一。压襟是古人在右衣襟上佩戴的饰件，可以理解为"压住衣襟之物"，上端通常以一条银链系在胸口的扣子上，中间是用银、象牙、翡翠、玛瑙等做成的"事件压口"，雕琢成蝉、蝙蝠、鱼、牡丹、云雀等形状，具有美好的寓意。

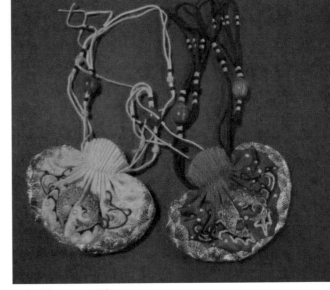

△ 图 4-41 香囊

△ 图 4-42　压襟

案例分析

图 4-43 中以几何法设计的挂饰是一款多功能的挂饰，既可作为挂饰起到点缀装饰的作用，亦可作为小型的包袋发挥储物功能。色彩鲜艳的几何设计，给民族风的包袋增添了许多时尚感。

△ 图 4-43　多功能挂饰设计（设计师：吕娜）

案例分析

带着彝族特色的挂饰《炎》（见图 4-44）以简化的老虎形象，提取老虎的眼睛元素为设计，弱化了老虎的凶狠，多了一份灵动的美。

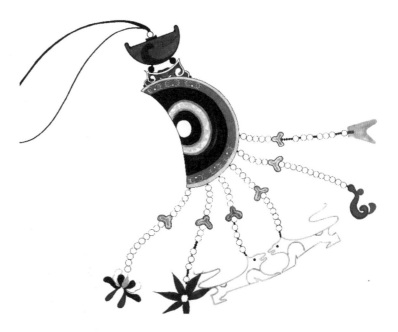

△ 图 4-44　《炎》挂饰设计（设计师：何柳）

4.8 扣 子

我国古代的服装不用纽扣，只是在衣襟之间用一根小带子系起来，起到了当今社会中纽扣的作用。直到清代，我国才有纽扣出现，由此，中式盘扣成了传统服饰中的重要的元素。

中式盘扣除具有与其他纽扣同样的使用功能外，还可以用来装饰和美化服装，特别是应用在传统服装上，更能体现出服装的美感。盘扣作为中国传统的手工艺品之一，品类繁多，除一字扣之外，盘花扣也是常见的

一种。用布条盘织成各种花样，称为盘花。盘花的题材大都选取具有浓郁的民族色彩和吉祥意义的图案。盘扣的花式丰富，有模仿动植物的金鱼扣、蝴蝶扣（见图 4-45）、菊花扣、梅花扣（见图 4-46）等，也有盘结成文字的吉字扣、寿字扣、"囍"字扣等。盘花扣通常分列两边，有对称的，也有不对称的（见图 4-47）。盘花扣的作用在中国服饰的演化中逐渐改变，它不仅仅有连接衣襟的功能，也是装饰服装的点睛之笔。

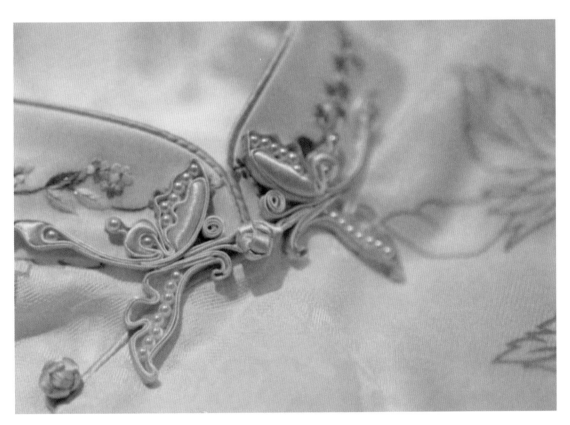

△ 图 4-45　蝴蝶扣（孙钰涵工作作品）

△ 图 4-46　梅花扣（孙钰涵工作室作品）

△ 图 4-47　不对称花扣（孙钰涵工作室作品）

实物赏析

现代服饰中，盘扣不仅仅作为纽扣出现，也会作为装饰品甚至胸针被大家广泛应用。在服饰上，纽扣业不断吸纳一些传统工艺进行创新，以银饰的扣子、玉雕的扣子（见图 4-48）等来提升服装的品质。

△ 图 4-48　玉雕的扣子（孙钰涵工作室作品）

实物赏析

随着人们审美水平的提高，传统的盘扣已无法满足人们的需求，设计师开始设计时尚独特的花型盘扣，还会配以珍珠（见图 4-49）、流苏（见图 4-50）、玉石（见图 4-51）等作为点缀。

△ 图 4-50　流苏点缀盘扣（孙钰涵工作室作品）

△ 图 4-49　珍珠点缀盘扣（孙钰涵工作室作品）

△ 图 4-51　玉石点缀盘扣（孙钰涵工作室作品）

/// 实训项目 ///

项　　目	表现方式	评价标准	所占比例
用任何一种设计方法设计两款国潮风口罩，附设计说明和工艺说明图	计算机技法表现	（1）口罩设计符合人体工学且美观； （2）传统文化元素明显且时尚； （3）工艺说明清晰且合理	10%
以中国传统文化或故事为背景，两人一组设计并制作一款面具，附设计说明及造型照片	实物	（1）面具设计时尚且体现出中国文化特征； （2）面具款式新颖独特，制作精细； （3）能融入并创新传统工艺为佳	15%
以传统工艺为载体，设计两款帽饰，附设计说明和工艺说明图	计算机技法表现	（1）帽饰设计款式新颖； （2）体现传统文化特质及工艺特征； （3）能体现多种工艺的融合	10%
任选中国文化中的传统故事或传统元素为背景，以藻井结构为骨骼，设计一款丝巾	计算机技法表现	（1）有显著独特的中国风特色； （2）图案新颖完整，色彩丰富； （3）丝巾佩戴效果好	15%
以中国传统工艺创作设计两款包袋，附设计说明和工艺说明图	计算机技法表现	（1）能体现传统文化与传统工艺； （2）工艺说明清晰且合理； （3）包袋设计款式新颖，构思巧妙	10%
在中国传统文化的背景下设计方形包袋、圆形包袋、三角形包袋各一款，三款为一系列	计算机技法表现	（1）设计构思巧妙、符合包袋款式设计要求； （2）工艺合理，有实用性； （3）色彩搭配舒适大方	10%
设计两款中国风腰饰，标注材质、工艺、灵感来源、设计说明	计算机技法表现	（1）腰带具有可佩戴性； （2）时尚中国风显著； （3）工艺合理	10%
以民族特色为设计风格，设计两款民族风挂饰，附设计说明	计算机技法表现	（1）民族风格显著，且时尚大气； （2）款式新颖独特，且具有多种功能	10%
以盘扣作为基础设计，设计盘扣与传统工艺结合的配件作品	实物	（1）盘扣花形独特，美观大方； （2）与传统工艺完美融合； （3）配件既可佩戴又有很强的装饰性	10%

拓 展 篇

项目 5
服饰配件与造型创新

/// 学习目的 ///

1. 通过拓展学习，掌握服饰配件的创新搭配方法。
2. 了解整体造型设计的视觉效果。
3. 掌握服饰配件与整体造型之间的处理关系。

/// 上课时数 ///

项　　目	分　　类	课　　时
服饰配件与造型创新	《钰帛银裳》造型解析	2
	《南风和煦》造型解析	2
	《彝韵兮》造型解析	2
	《青岚雅籍》造型解析	2
	《素迦流光》造型解析	2
	《彝想》造型解析	2
	《香染黔晋》造型解析	2
	《蒲草布衣》造型解析	2
	《窥看年画》造型解析	2
总 课 时		18

/// 课前准备 ///

1. 了解服饰配件的最新流行趋势以及一些新型材质的特性。
2. 收集整体造型表现突出的图片。

5.1 《钰帛银裳》造型解析

　　《钰帛银裳》系列作品是非遗传承人与设计师的跨界作品，在传承传统的核心价值的基础上，结合现代设计思维和当代审美意识，通过新的形式展现非遗工艺，如图 5-1、

图 5-2、图 5-3、图 5-4 所示。

1. 造型特点——多层次

《钰帛银裳》系列作品由同色系多种不同质感的材料组合，厚与薄的组合添加了质感上的层次变化，平与凸的组合塑造了造型手感上的变化；蓝印花布的古朴，同色系的柔滑的绸缎、若隐若现的纱，手工银饰的点缀和飘逸的银流苏多层次的混搭，丰富了作

品的艺术美感。

2. 工艺特点——手工打造

《钰帛银裳》系列作品中，纯手工印染的蓝印花布、精致古朴的牡丹花银片等汇聚了非遗手工艺人的点点滴滴的心血。传统的手工艺在这里碰撞，牡丹银片点亮了藏蓝色的绸缎，与蓝印花布中的白色遥相呼应。

△ 图 5-1 《钰帛银裳》（孙钰涵工作室作品 银饰制作：段松文 蓝印花布制作：吴元新 造型设计：肖岚 拍摄：王涛）

△ 图 5-2 《钰帛银裳》（孙钰涵工作室作品 银饰制作：段松文 蓝印花布制作：吴元新 造型设计：肖岚 拍摄：王涛）

△ 图 5-3　《钰帛银裳》(孙钰涵工作室作品　银饰制作：段松文　蓝印花布制作：吴元新
造型设计：肖岚　拍摄：王涛)

△ 图 5-4 《钰帛银裳》(孙钰涵工作室作品 银饰制作：段松文 蓝印花布制作：
吴元新 造型设计：肖岚 拍摄：王涛)

5.2 《南风和煦》造型解析

《南风和煦》作品（见图 5-5、图 5-6、图 5-7）的名称解释如下。南：彝族人民主要分布于云、贵、川、桂等地，为祖国之南。风：一股文化之风，散落在我们每个人的心中。和：既是文化和谐、融洽，也是传统文化顺应时代恰到好处的变化。煦：王禹偁在《送柴侍御赴阙序》中提到，"煦而为阳春，散而为霖雨。"温暖的时候就如艳阳照耀的春天，给人一种温暖如春的享受。

造型特点——浪漫主义

《南风和煦》采用一种浪漫主义的表现手法。浪漫风格常用蕾丝、透明纱、缎带、亮钻、珠子等材料，面料、色彩、图案、外形柔美，符合古典女性之美。《南风和煦》在缎面上通过刺绣方式展现彝族图案，当下流行的肉粉色搭配低饱和色彩的刺绣，给人一种华丽、优雅、轻盈的感觉；局部处理细腻，亮钻的点缀增添造型的浪漫感；透明纱所制的头饰是点睛之处，营造一种扑朔迷离的氛围。

《南风和煦》在造型设计上采用可任意搭配的方式，每款服装都有外挂的披肩，或大或小，可按心情、场合任意搭配，不拘泥于传统固定式的服饰搭配。

△ 图 5-5 《南风和煦》（设计师：刘美霞 造型设计：肖岚 摄影：王涛）

△ 图 5-6 《南风和煦》（设计师：刘美霞 造型设计：肖岚 摄影：王涛）

△ 图 5-7 《南风和煦》(设计师:刘美霞 造型设计:肖岚 摄影:王涛)

5.3 《彝韵兮》造型解析

日月星辰、天地万物都能在彝族妇女一针一线中表现出来，穿在身上，世世代代传承。一花一草，一蝶一舞，一黄一绿，皆有独特的风情和魅力，这就是我们眼中的《彝韵兮》，如图5-8、图5-9、图5-10所示。

1. 工艺特点——立体装饰

刺绣工艺在造型中一般用于局部设计，通常分为手绣和机绣两大类。随着现代工艺的突飞猛进，机绣已普及化。《彝韵兮》中选用的是机绣的方式，用现代的工艺手法表现彝族图案，在机绣的基础上扩宽了创意表现方式，以立体的方式呈现蝴蝶，仿佛真的翩翩起舞，在花丛中嬉戏，给服装带来生机。

2. 造型特征——组合

民族文化一直是众多设计师汲取设计灵感的来源，《彝韵兮》的造型用花丝工艺制作的银饰与服装搭配，不同用途的银饰——耳环、胸针和项链三个单件堆叠在一起，有效地使简洁的高发髻增强了视觉效果，丰富发髻的层次感。

△ 图5-8 《彝韵兮》（服装设计：刘如钰 银饰设计：吴涵 造型设计：肖岚 摄影：王涛）

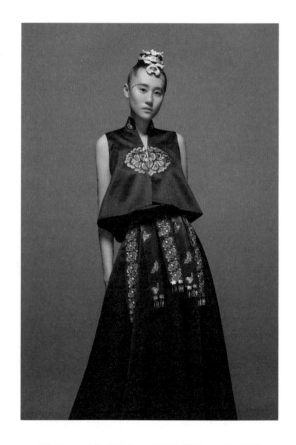

△ 图5-9 《彝韵兮》（服装设计：刘如钰 银饰设计：吴涵 造型设计：肖岚 摄影：王涛）

△ 图 5-10　《彝韵兮》(服装设计：刘如钰　银饰设计：吴涵　造型设计：肖岚　摄影：王涛)

5.4 《青岚雅籍》造型解析

"未夜青岚入，先秋白露团。"山中的雾气是为岚，其伴山而生亦因山，故此得名。岚本无形，形随山异。《青岚雅籍》系列设计（见图 5-11、图 5-12、图 5-13）用扎染的手法将万物无限变化的本质体现得淋漓尽致，用蓝染的表现手法来诠释山之大。

1. 工艺特征——扎染与其半成品

《青岚雅籍》的创作主要应用了扎染工艺。扎染的过程分为扎花、染色、拆花，经过种种工序和染制手段，最后在布料上呈现别样的精彩。扎染的纹样有花卉般的具象，

也有青岚般的朦胧。扎染的纹样主要由扎花工艺体现，再通过拆花的过程，一件件作品呼之欲出。《青岚雅籍》的造型是扎染的成品与未拆花的半成品的结合，给作品赋予了新的意义。

2. 造型特点——虚实相间

古人云，青出于蓝而胜于蓝。《青岚雅籍》系列作品取青之美、岚之韵，用山水间的宏与美结合扎花与染色，创意性地呈现出传统工艺特色；在设计构思中，以山之实和雾之虚为主旨；在纹样呈现中，以扎染拆花

后的真实纹样为实的表现，以未拆花的若隐
若现的纹样为虚的表现；在造型上，以大块
面的设计为实，穿插线条为虚；在色彩上，

以蓝白色为实，以蓝白间的渐变为虚，多角
度地表现青岚间的虚实关系。

△ 图 5-11 《青岚雅籍》（服装设计：吕娜 造型设计：肖岚 摄影：王涛）

△ 图 5-12 《青岚雅籍》（服装设计：吕娜 造型设计：肖岚 摄影：王涛）

△ 图 5-13 《青岚雅籍》(服装设计：吕娜 造型设计：肖岚 摄影：王涛)

5.5 《素迦流光》造型解析

《诗经》中，"君子于役，不知其期，曷至哉？鸡栖于埘，日之夕矣，羊牛下来。君子于役，如之何勿思！"这就是军嫂的真实写照。男儿守卫祖国，她们守卫家园，她们永远站在他们的左手边，因为她们知道敬礼的右手是属于祖国的。《素迦流光》系列作品（见图 5-14、图 5-15、图 5-16、图 5-17）的灵感来源于救人于水火之中的逆行者，为他们的爱人专门设计，致敬这世界上最经得起考验的爱情。"素"为简单朴素之意，他们的人生正如作品寓意一般，朴素简单的生活中处处流光溢彩。

1. 工艺特征——编绳

《素迦流光》的整体造型设计以编绳工艺为主要特点，是由安全绳激发的创作灵感，将白色的棉绳用不同的编织手法编成一个个配饰，甚至一件马甲。编织是人类比较古老的一种手工艺，通过不同的编织手法可以形成不同的图案。此系列作品以编织工艺为表现技法，
寓意军嫂们朴素的生活；编织的末端用未编织完的绳子直接做成流苏，体现了"安全"的内涵，也让整个造型多了几分温柔的色彩；在流苏中缀上铃铛，铃铛声象征军队的警铃声，警铃是命令也是责任，军嫂也是这份责任的承担者。

2. 造型特色——多功能的配件使用

《素迦流光》系列仅使用米白色的纯棉和素纱，追求光影的变化在服装表面所呈现的质感和效果，尝试以服饰配件为载体，编织而成的花朵、带子具有多种功能，其佩戴方式也可以根据不同的造型而改变，其配件不是固定的、单一的。在未搭配之前，花朵只是花朵，编织带也只是带子而已。通过不同的搭配，花朵可以成为胸针，可以成为手捧花；编织带戴在头上就是发带，戴在腰间就是腰带，戴在肩上就是肩饰。多功能的配件突破了传统配件单一的佩戴方式，体现的是一种日渐流行的现代生活方式，这也是未来配件设计的一个新方向。

△ 图 5-14 《素迦流光》（服装设计：王慧 造型设计：肖岚 摄影：王涛）

△ 图 5-15 《素迦流光》(服装设计：王慧 造型设计：肖岚 摄影：王涛)

△ 图 5-16 《素迦流光》（服装设计：王慧 造型设计：肖岚 摄影：王涛）

△ 图 5-17　《素迦流光》（服装设计：王慧）

5.6 《彝想》造型解析

《彝想》（见图 5-18、图 5-19、图 5-20、图 5-21）就是彝族元素与漫无边际的思想漫游相结合的设计作品。想，即配置组合而创造出新形象的心理过程。《彝想》表现以美好浪漫的理想生活为设计出发点，从中吸取灵感，提炼民族元素的精华，以九瓣花花瓣的廓形为设计基础，让民族服饰与现代服装设计交融在一起。

1. 材料创新——编织与银

《彝想》作品中，撞色的毛线编织与亮色的錾刻银饰结合，整体感觉多样又统一：粗毛线经过盘绕固定，增添了服装的柔和度；

用毛线编织的方式将传统彝族服饰中九瓣花花瓣的形态抽象化，片状的编织物作为配件随意搭配任何一款服装。

2. 造型创新——不规则

在《彝想》的造型中，上装粗犷的宝蓝色毛呢以毛线与银的编织物为点缀，穿搭上以露单肩的款式打破整体的厚重感；可拆卸帽子反戴，让不规则配饰零件更凸显，并且强烈地呼应银饰的古老纹理，在现代造型中体现传统民族文化艺术。

△ 图 5-18　《彝想》（服装设计：白茗雅　造型设计：肖岚 影：王涛）

△ 图 5-19　《彝想》（服装设计：白茗雅　造型设计：肖岚　摄影：王涛）

△ 图 5-20　《彝想》（服装设计：白茗雅　造型设计：肖岚　摄影：王涛）

△ 图 5-21 《彝想》（服装设计：白茗雅 造型设计：肖岚 摄影：王涛）

5.7 《香染黔晋》造型解析

《香染黔晋》(见图 5-22、图 5-23、图 5-24)的特征即运用原色和大饱和色彩形成对比，呈现出浓郁的民族风格和强烈的生命力。这种色彩的审美来自原生态的生活方式，具有独特性。

1. 造型特点——堆砌

《香染黔晋》采用贵州蜡染与山西香包结合的方式进行创作，以面料作为文化传承的一个载体，以蜡染反映贵州黔东南地区苗族的工艺技术及艺术创造力；香包的面料以与蜡染相符的原生态材质为主，在一个相对统一的材质基础上，做平面与立体的对比，平面的繁复、精致、细腻与立体的众多大小组合的堆砌，改变了本来的规则感；流苏的点缀和延伸，与蜡染融合，增加了造型的层次感。

2. 色彩特点——中国传统色

蜡染是一种古老的印染工艺，具有其独特的传统韵味。《香染黔晋》的整个造型以传统蜡染的蓝色调为主，搭配中国红，在和谐的比例中透出独特的韵味；在妆容上，模特的脸部也用了红色，在内眼角和外眼角下平涂延展，呈现慢慢晕染的样子。

△ 图 5-22 《香染黔晋》(香包：毛瑞清 蜡染：靳秀丽 造型设计：肖岚 摄影：王涛)

△ 图 5-23 《香染黔晋》（香包：毛瑞清 蜡染：靳秀丽 造型设计：肖岚 摄影：王涛）

△图 5-24　《香染黔晋》（香包：毛瑞清　蜡染：靳秀丽　造型设计：肖岚　摄影：王涛）

5.8 《蒲草布衣》造型解析

多种材料的搭配组合是造型设计中常用的思路之一。《蒲草布衣》（见图 5-25、图 5-26、图 5-27）利用不同材料的质感、肌理、色彩等组合成新的造型，在其材质本有的独特性上赋予了新的生命力。

1. 造型特点——材质混搭

撕、剪、破是材料二度创作常用的手法，可以营造出破旧复古的造型感。《蒲草布衣》将撕条状的土布用不规则方法在上衣上做出垂挂的肌理感，与之相呼应的是用整匹土布折叠和包裹而形成的下半身的服装；尖顶草帽、草编耳环、珍珠内搭背心在造型上形成层次和材质上的呼应；整匹土布的包裹和堆叠让造型呈现出雕塑感。

2. 色彩特点——对比与平衡

在《蒲草布衣》造型设计中，土布的肌理与草编有着异曲同工之妙，传统窄幅老布规整的条纹图案、暗沉灰调的颜色与草编的亮色形成鲜明对比，耳环和蒲扇平衡了土布的色泽比重。

3. 妆容特点——珍珠

《蒲草布衣》造型的妆面上特制了编织材料的拓印肌理，嘴唇上用了同色的材质打底，弱化本有的唇色，嘴唇边缘则用细小的珍珠来装饰勾勒，散开的珍珠从寓意上呼应零碎的布料，在重心上也起到了平衡的作用。

△ 图 5-25　《蒲草布衣》（造型设计：肖岚　摄影：王涛）

△ 图 5-26 《蒲草布衣》（造型设计：肖岚 摄影：王涛）

△ 图 5-27 《蒲草布衣》（造型设计：肖岚 摄影：王涛）

5.9 《窥看年画》造型解析

与传统的服饰搭配和整体造型不同的是，当下的人们更注重个性化的表达和实用性的需求，在个性化表达中融入多元化元素，其中最为突出的就是多材质和跨界的联合设计。实用需求体现为一服多穿和混搭，不拘泥于设计本身的框架，在原有的使用基础上增加了更多可能的使用方式，让服饰成为自己独有的一种表达方式。

《窥看年画》是一个作品、一个造型，同时还是一个场景，由传统木版年画发展而来，如图 5-28、图 5-29、图 5-30、图 5-31、图 5-32 所示。

1. 表现风格——复古国潮

有人说时装的未来潮流是 vintage（复古风），所以传统的就是时尚的。不同品牌、不同工艺、不同用途混搭而成的造型，在传统、复古、潮流的框架里展示着前所未有的魅力。传统的文化意象与新型的材料、科技的概念、环保的理念交融，形成强烈的视觉冲击力；宽松的上衣搭配上衣下穿的裙子，高饱和的色彩配以复古的年画色，休闲的装束加上精致的妆容，搭配可爱风的耳罩，这是《窥看年画》自己的语言。

2. 材料特点——新型材料

年画带有一股浓浓的年味，夹杂着浓厚的地域色彩。如今生活在城市中的我们看着年画，就仿佛在梦里隔着窗户看着一个个年画背后的故事。《窥看年画》用新型打印技术将解构后的年画图案呈现在可水洗牛皮纸上，这种新型材料的先进技术与透明 PVC（聚氯乙烯）材质的结合，给古老的年画注入了新的生命力。

3. 造型特点——包裹与趣味

在《窥看年画》造型中，水墨晕染的PVC透明薄膜与设计包袋相呼应，包裹住头部，表现出朦胧感、层次感以及怪异的情绪，就犹如诉说着现代都市生活中的我们隔着窗户看着久远的年画故事；年画趣味衍生品绒布耳罩的佩戴，不仅使半透明包裹着的头部造型增加了视觉上的层次感，也给整体造型添加了趣味性。

△ 图 5-28　《窥看年画》（包袋、耳罩设计：沈叶　年画设计：赵国琦　服装设计：蜜扇　造型设计：肖岚　摄影：王涛）

△ 图 5-29　《窥看年画》(包袋、耳罩设计：沈叶　年画设计：赵国琦　服装设计：蜜扇　造型设计：肖岚　摄影：王涛)

△ 图 5-30 《窥看年画》(包袋、耳罩设计：沈叶 年画设计：赵国琦 服装设计：蜜扇 造型设计：肖岚 摄影：王涛)

△ 图 5-31 《窥看年画》(包袋、耳罩设计：沈叶 年画设计：赵国琦 服装设计：蜜扇 造型设计：肖岚 摄影：王涛)

△ 图 5-32　《窥看年画》((包袋、耳罩设计：沈叶　年画设计：赵国琦　服装设计：蜜扇　造型设计：肖岚　摄影：王涛)

参 考 文 献

[1] 巴尔特.符号学原理[M].王东亮,等译.北京:生活·读书·新知三联书店,1999.
[2] 贾京生.中国现代民间手工蜡染工艺文化研究[M].北京:清华大学出版社,2013.
[3] 梁旭.云南少数民族传统手工刺绣集萃[M].昆明:云南美术出版社,2017.
[4] 潘建华.女红:中国女性闺房艺术[M].北京:人民美术出版社,2009.
[5] 潘建华.演艺服装材料设计学[M].石家庄:河北美术出版社,2009.
[6] 吴灵姝,倪沈键,吴元新.南通蓝印花布[M].北京:文化艺术出版社,2017.
[7] 谢琴.服饰配件设计与应用[M].北京:中国纺织出版社有限公司,2019.
[8] 杨鹍国.符号与象征——中国少数民族服饰文化[M].北京:北京出版社,2000.
[9] 钟仕民,周文林.中国彝族服饰[M].昆明:云南美术出版社,2006.
[10] 张海玲."彝绣":彝族传统刺绣技艺的文化符号建构研究[D].昆明:云南大学,2018.
[11] 白瑾.解构与建构:论少数民族文化的保护[J].邢台学院学报,2010,25(2):25-26+29.